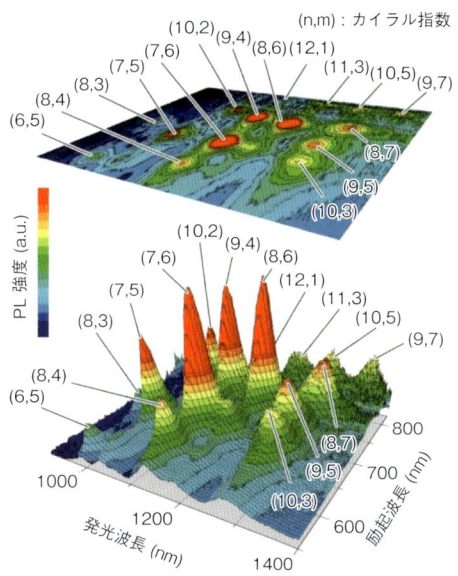

口絵 1　SWNT/CMC-Na 複合フィルムの PL 3 次元（下）および 2 次元（上）マッピング．
（本文 p.36 図 4.1 参照）

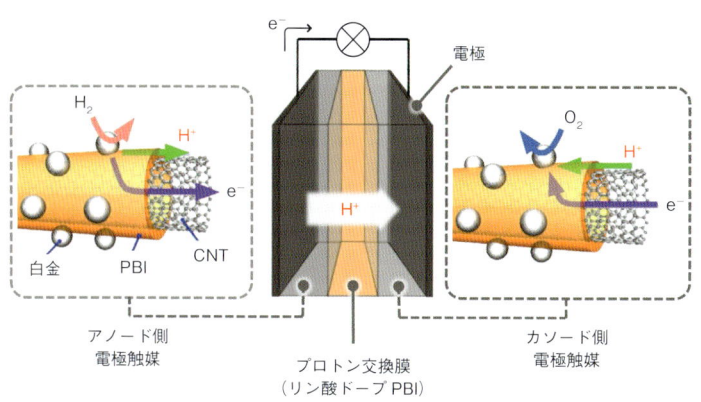

口絵 2　CNT を触媒担持体とする燃料電池 MEA の構造．
（本文 p.72 図 6.11 参照）

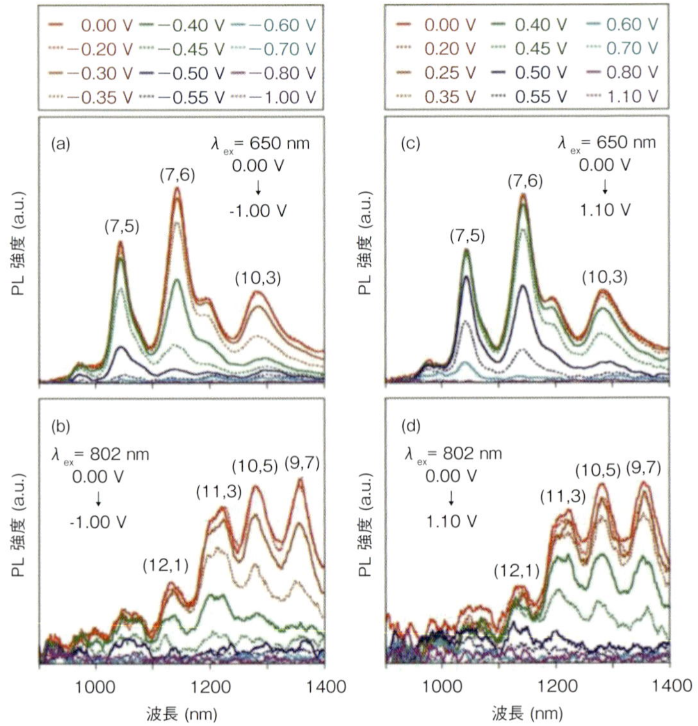

口絵 3 電極上の SWNT/CMC-Na 複合フィルムの PL スペクトルの電位依存性.
(a): 励起波長 650 nm (還元過程), (b) 励起波長 802 nm (還元過程),
(c) 励起波長 650 nm (酸化過程), (d) 励起波長 802 nm (酸化過程).
(本文 p.37 図 4.2 参照)

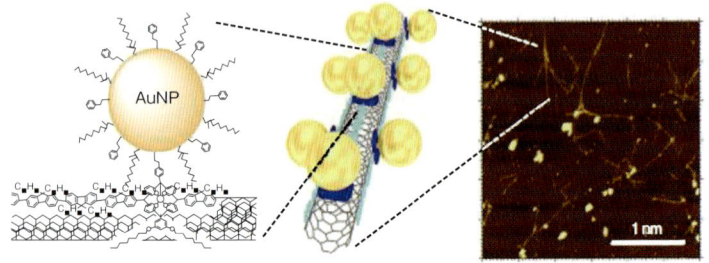

口絵 4 ポルフィリンの配位能を利用した金属ナノ粒子担持 SWNT の AFM 像.
(本文 p.50 図 5.7 参照)

最先端材料システム One Point ①

カーボンナノチューブ・グラフェン

高分子学会 [編集]

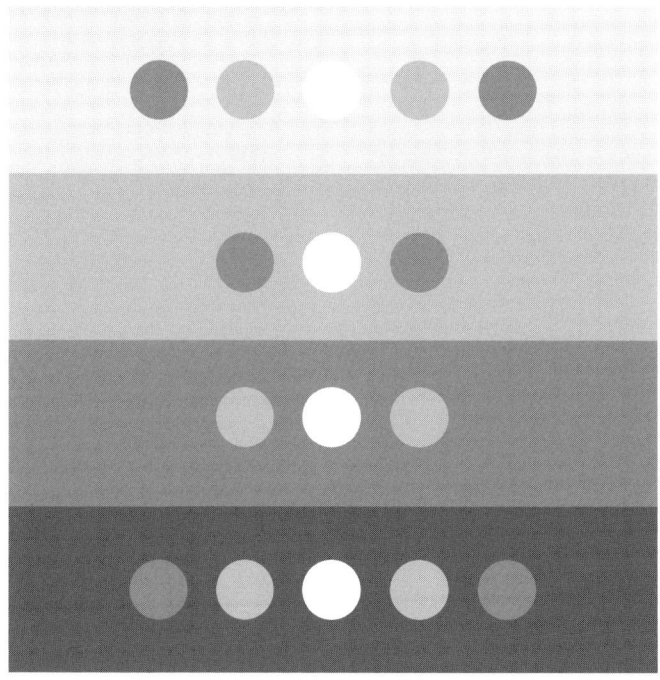

共立出版

「最先端材料システム One Point」シリーズ 編集委員会

編集委員長	渡邉正義	横浜国立大学 大学院工学研究院
編集委員	加藤隆史	東京大学 大学院工学系研究科
	斎藤 拓	東京農工大学 大学院工学府
	芹澤 武	東京工業大学 大学院理工学研究科
	中嶋直敏	九州大学 大学院工学研究院

複写される方へ

本書の無断複写は著作権法上での例外を除き禁じられています。本書を複写される場合は、複写権等の行使の委託を受けている次の団体にご連絡ください。

〒107-0052 東京都港区赤坂 9-6-41 乃木坂ビル 一般社団法人 学術著作権協会
電話 (03)3475-5618 FAX (03)3475-5619 E-mail: info@jaacc.jp

転載・翻訳など、複写以外の許諾は、高分子学会へ直接ご連絡下さい。

シリーズ刊行にあたって

　材料およびこれを用いた材料システムの研究は,「最も知的集約度の高い研究」と言われている．部品を組み立てる組立産業は，部品と製造装置さえ揃えばある程度真似をすることができても，材料およびそのシステムはそう簡単には追随できない．あえて言えば日本の製造業の根幹を支えている研究分野であり，今後もその優位性の維持が最も期待されている分野でもある．

　この度，高分子学会より「最先端材料システム One Point」シリーズ全 10 巻を刊行することになった．科学の世界の進歩は著しく，材料，そしてこれを用いた材料システムは日進月歩で進化している．しかし，その底辺を形作る基礎の部分は普遍なはずである．この One Point シリーズは今話題の最先端の材料・システムに関するホットな話題を提供する．同時に，これらの研究・開発を始めるにあたって知らなければならない基礎の部分も丁寧に解説した．具体的な刊行内容は以下の通りである．

　　　第 1 巻　　カーボンナノチューブ・グラフェン
　　　第 2 巻　　イオン液体
　　　第 3 巻　　自己組織化と機能材料
　　　第 4 巻　　ディスプレイ用材料
　　　第 5 巻　　最先端電池と材料
　　　第 6 巻　　高分子膜を用いた環境技術
　　　第 7 巻　　微粒子・ナノ粒子
　　　第 8 巻　　フォトクロミズム
　　　第 9 巻　　ドラッグデリバリーシステム
　　　第 10 巻　　イメージング

　いずれも今を時めくホットトピックで，題名からだけでもその熱さが伝わってくると思う．執筆者は，それぞれの分野で日本を代表する研究者にお願いした．またその内容は，ご自身の研究の紹介だけでなく，それぞれの話題を世界的な観点から俯瞰して頂き，その概要もわかるよう

に工夫した．さらに詳しく知りたい方のために参考文献も充実させた．

　特に読んで頂きたい方は，これからこれらの分野の研究・開発を始めようとする大学生，大学院生，企業の若手研究者等であり，「手軽だが深く学べる本」の提供を目指した．さらに，この分野の入門書としての位置づけのみならず，参考書としても充分活用できるような内容とすることを意図したので，それぞれの分野の研究者・技術者，さらには最先端トピックスの概要を把握したい方々にも充分にお役に立つことを確信している．

　本 One Point シリーズの刊行にあたっては，各執筆者はもとより，各巻の代表執筆者の方々には，各巻全体を査読頂き，表現の統一や重複のチェックなど多大なご尽力を頂いた．ここに改めてお礼申し上げる．

　2012 年 4 月

編集委員長　渡邉正義

まえがき

　本書は，カーボンナノチューブ，グラフェンの基礎物性とその応用・展開について，そのエッセンスをまとめた入門書である．この分野に関心がある学部・大学院の学生および若手研究者を主な対象として記述している．

　周期律表で見られるように，地球上には 100 を超す元素が存在し，これらを用いた多彩な有機・高分子，無機，バイオ，複合材料が開発され，私たちの生活を豊かにしてきた．中でも 19 世紀は鉄の時代，20 世紀はシリコンの時代と言われてきた．そして 21 世紀はカーボンの時代と言われる．カーボン（炭素）はごくありふれた材料であり，人類は古くから用いてきた．近年，そのカーボンに脚光が集まる一因として「ナノテクノロジー」の発展がある．「ナノテクノロジー」とは，ナノスケールの大きさの分子や原子を，「創る」，「組織的に並べる」，「観る」，「操作する」などの手法で，目的の機能を持つナノ物質やデバイス，あるいはシステムを創製制御する科学，技術である．このナノテクノロジーの世界で，21 世紀の科学技術の鍵物質として期待されているスーパー物質の代表格が，カーボンナノチューブおよびグラフェンである．

　カーボンナノチューブおよびグラフェンは，それぞれ 1 次元（直径 1〜3 nm，長さ数ミクロン），および 2 次元構造の π 共役系の巨大分子量をもった「高分子」である．ナノカーボンは，100%「炭素」からできているので，とにかく軽い．ほとんどの高分子は絶縁材料で電気を通さないが，π 共役系の高分子は，電子ドーピングにより初めて導電性高分子となる（白川博士らがノーベル化学賞受賞）ことはよく知られている．ところが，ナノカーボンは"生まれながらに"金属の銅より電気をよく通す導電性高分子である．さらに，鋼鉄より強度が 10〜100 倍強く，超弾性を示す．銀と同程度の高い熱伝導性を持つ．耐熱性が非常に高い（空気中でも 500 ℃くらいまで，真空だと 1000 ℃までは燃えない）．高分子のようにしなやかで，フィルムを作ることもできる．空気中でも安定で，

多くの薬品を加えても構造や物性が変化しない（つまり取扱いやすい）．このようにナノカーボンは，これまでに存在する物質では考えられないような極限の機能を持った，まさに「夢」の化合物であり，これまでに存在する他の物質，材料を大きく凌駕している．

　カーボンナノチューブ，グラフェンは，高分子との複合(融合)が容易で，全く新しい「機能性高分子」として捉えることができる．適切な高分子の選択で，化学，材料，バイオ，エネルギー，環境，機械，航空などの多彩な分野で，革新的な次世代ナノ材料が創成できると期待されている．

　ナノカーボンの歴史はセレンディピティーに満ちている．それらを用いた複合材料も予想外の素晴らしい結果をもたらすことがしばしばある．とくに若い研究者にこの分野に参入していただき，そのダイナミズムを堪能していただくことを願っている．本書がそのお役に立てば望外の喜びである．

　　2012 年 5 月

中嶋 直敏
藤ヶ谷 剛彦

執筆者紹介

中嶋直敏　　九州大学 大学院工学研究院
藤ヶ谷剛彦　九州大学 大学院工学研究院

目　次

第 1 章　ナノカーボンとは　　1

第 2 章　カーボンナノチューブの構造，特性　　3
　2.1　CNT の合成 5
　2.2　CNT の基本物性 12
　　2.2.1　機械的強度 12
　　2.2.2　熱伝導度 15
　　2.2.3　比表面積 15
　　2.2.4　分光学的性質 16

第 3 章　カーボンナノチューブの可溶化　　21
　3.1　はじめに―可溶化の重要性 21
　3.2　一般的な溶媒による分散 23
　3.3　化学修飾可溶化（共有結合による可溶化処理） . . . 23
　3.4　物理修飾可溶化（非共有結合による可溶化処理） . . 26
　　3.4.1　低分子系可溶化剤 26
　　3.4.2　高分子系可溶化剤 30
　　3.4.3　DNA 可溶化剤 32

第 4 章　カーボンナノチューブの電子準位　　35
　4.1　はじめに 35
　4.2　電子準位決定法 35

第 5 章　SWNT のカイラリティ分離　　43
　5.1　はじめに 43
　5.2　半導体性・金属性 SWNT の分離・濃縮 44

5.2.1	化学反応を利用した分離法	44
5.2.2	ブレークダウン法	44
5.2.3	クロマトグラフィー法	45
5.2.4	密度勾配超遠心分離 (DGU) 法	46
5.2.5	選択的可溶化法	47

5.3 固有のカイラル指数（n, m）を持つ SWNT の分離 . . 50
    5.3.1 クロマトグラフィー法 51
    5.3.2 密度勾配超遠心分離 (DGU) 法 52
    5.3.3 高分子による選択的可溶化法 53
5.4 エナンチオマー分離 53

第 6 章 カーボンナノチューブ機能化（複合材料創製） 55

6.1 機能化に向けた複合化 55
    6.1.1 有機分子との複合化 55
    6.1.2 高分子との複合化 56
    6.1.3 ナノ粒子との複合化 62
6.2 バイオアプリケーション 63
    6.2.1 *In vitro* アプリケーション 63
    6.2.2 *In vivo* アプリケーション 66
    6.2.3 CNT の分散と毒性 67
    6.2.4 細胞培養基板としての CNT 68
6.3 エネルギーデバイス 69
    6.3.1 燃料電池 69
    6.3.2 太陽電池 74
    6.3.3 キャパシタ 75
    6.3.4 リチウムイオン電池 77
    6.3.5 アクチュエータ 78
6.4 フレキシブル透明電極 80
    6.4.1 透明導電性を得るための基本コンセプト 80
    6.4.2 透明導電性基板作製の実際 82

	6.4.3　ドーピング	85
	6.4.4　フレキシブル基板としてのCNT薄膜	86
6.5	その他のアプリケーション	87
	6.5.1　電界放出電子源	87
	6.5.2　AFM探針	88
	6.5.3　電界効果型トランジスタ	88

第7章　グラフェン　91

7.1	グラフェンの構造，基本特性	91
7.2	グラフェン研究の歴史	93
7.3	グラフェンの層数の決定と分離精製	93
7.4	グラフェンの作製	95
	7.4.1　機械的剥離法	95
	7.4.2　CVD法	96
	7.4.3　炭化ケイ素 (SiC) の熱分解	97
	7.4.4　酸化グラファイトの還元	97
7.5	バンドギャップを持つグラフェンの合成	98
	7.5.1　グラフェンナノリボン (GNR) の合成	98
	7.5.2　2層グラフェンの利用	101
	7.5.3　ナノメッシュ化	101
	7.5.4　化学的手法	103
7.6	グラフェンの応用	103
	7.6.1　フレキシブル透明電極	103
	7.6.2　トランジスタ	104
	7.6.3　スピン輸送デバイス	105

引用・参考文献　107

索　引　121

第1章

ナノカーボンとは

　ナノカーボンは，文字通りナノサイズの炭素物質であり，フラーレン，カーボンナノチューブ，グラフェン，ダイヤモンドライクカーボン，カーボンナノクリスタル などがこれに含まれる（**図 1.1**）．フラーレンに金属を内包した物質は，金属内包フラーレン，カーボンナノチューブにフラーレンを内包した物質は，フラーレンピーポッドとよばれる．フラーレン，カーボンナノチューブおよびグラフェンは明確な構造を持っており，次元で分類すればそれぞれ 0 次元，1 次元，および 2 次元の構造体である．いずれも sp^2 炭素から構成されており（ダイヤモンドは sp^3 炭素構造体），フラーレン C_{60} は分子量 720 の低分子化合物であるが，カーボンナノチューブ，グラフェンは，巨大な分子量を持つ伝導性「高分子」に分類できる．

　本書では，主にカーボンナノチューブに焦点をあてるが，後半部でグラフェンの基本特性，応用についても化学的側面を中心に概説した．

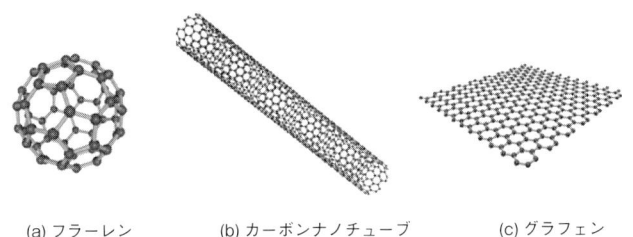

(a) フラーレン　　(b) カーボンナノチューブ　　(c) グラフェン

図 1.1　代表的なナノカーボンの構造．

ナノカーボン研究の歴史はいわゆる「セレンディピティ」（偶然の発見）に満ちている．ナノカーボン研究に火がついたのは，1985 年のフラーレンの発見であった．しかしその 15 年前，大澤（現，株式会社ナノ炭素研究所）は，子供がサッカーボールで遊ぶのを見て，12 個の正 5 角形と 20 個の正 6 角形を持つサッカーボール分子 (C_{60}) を思いつき，提案した．しかしこれを化学合成する手法は見つからず，C_{60} の発見までには 15 年の歳月が流れた．1985 年，イギリスサセックス大学の Kroto が米国ライス大学の Smalley らとの共同研究でレーザー蒸発超音速クラスター分子線中にごく微量に存在した C_{60} を偶然に発見した．1990 年，ドイツのグループは大量合成法（抵抗加熱法）を偶然発見した．こうして入手が容易になりフラーレン研究が過熱している中の 1991 年，飯島はアーク放電法でのフラーレン合成の際の電極の陰極堆積物の中心部分から多層カーボンナノチューブ (Multi-walled Carbon Nanotube：MWNT) を偶然に発見した．さらに飯島らは 1993 年には単層カーボンナノチューブ (Single-walled Carbon Nanotube: SWNT) を発見した．1998 年，Luzzi らは酸処理をした SWNT の内部空間に C_{60} を内包した物質フラーレン内包 SWNT（ピーポッドという）が生成していることを偶然に発見した．その後板東ら，片浦らは昇華法で C_{60} の充填率が高いピーポッドの合成法を確立した．その後，様々な分子を内包した SWNT が合成され，特性が研究されている．1999 年，飯島らはダリヤ状をしたナノカーボン，カーボンナノホーンを偶然発見した．このように，全て「セレンディピティ」に彩られているのである．化学の歴史が偶然の発見に彩られていることは確かであり，偶然の発見がエキサイティングであることも事実である．人間の叡智は，「偶然」により得られるエキサイティングなサイエンスを予知，計画するところまで及ばないということなのであろうか．

第2章

カーボンナノチューブ
の構造, 特性

　カーボンナノチューブ (Carbon Nanotube：CNT) はグラフェンシートを円筒状に丸めた構造をしている．円筒が1本のみからなるCNTをSWNT，直径の異なる2本のSWNTが同軸で重なったCNTを2層カーボンナノチューブ (Double-walled Carbon Nanotube：DWNT)，多層に重なったCNTを多層カーボンナノチューブ (MWNT) と呼び分けている (図 **2.1**)．SWNTは直径0.5〜数nmとかなり細いが，MWNTだと100nmに及ぶものがある．層数の多いMWNTは細い気相成長炭素繊維 (VGCF) と類似するものとみなすことができよう．CNTの合成後の長さは数十nmから長いものでは数mmに及ぶものがあり，合成法により様々な長さ分布を持つ混合物として得られる．

　一口にSWNTといっても様々な巻き方のタイプが存在し，それは紙

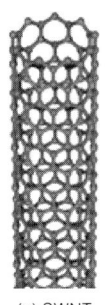
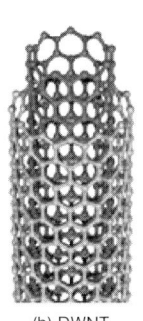
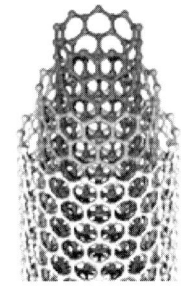

(a) SWNT　　　　　(b) DWNT　　　　　(c) MWNT

図 **2.1**　CNT の構造.

を丸めて筒にした際に様々な太さやねじり方の筒を作製できることをイメージすれば理解しやすい．この巻き方を「カイラリティ」と呼んでいる．合成後の SWNT は様々なカイラリティを持つ SWNT の混合物であり，英語表記において複数を表す「s」をつけ SWNTs と表記するのはこのためである．カイラリティの違いにより，電気物性，光学物性が少しずつ異なるためにベクトル表示を用いて区別している．**図 2.2** のように SWNT の展開図において原点（基準点）とどの点を重ねるように丸めるかにより一義的に SWNT のタイプを決める方法である．図 2.2 のように a ベクトルと b ベクトルを定義し，原点と重なる点を a, b の合成ベクトルで表現する．原点と重ねる点が a 方向に n, b 方向に m 進んだ点だったとき，その SWNT を (n, m)SWNT と 2 つの数字列を用いて表記する．この (n, m) をカイラル指数と呼ぶ．そのいくつかを**図 2.3** に示した．カイラリティの違いにより巻き方や直径が異なることがわかる．(n, m) は SWNT の物性を判断する場合に便利で，例えば $n - m$ が 3 の倍数のとき SWNT は金属性を示し，それ以外は半導体性を示すことがわかっている．また，幾何学的な特徴から (n, n) となる SWNT をアームチェア型，$(n, 0)$ と表記される SWNT をジグザグ型，それ以外の SWNT をらせん型（キラル型）と呼び分けている．

ちなみに CNT における「カイラリティ」は不斉を表す，いわゆる化学で用いるカイラリティ（もしくはキラリティ）とは異なる概念である．

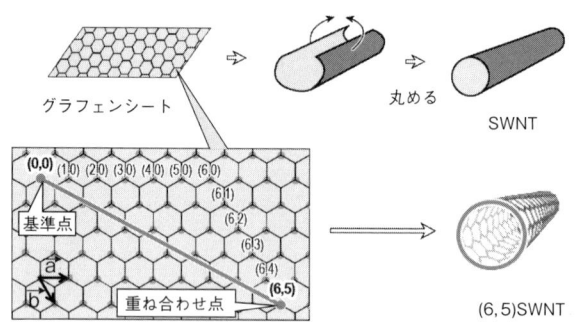

図 **2.2** SWNT におけるカイラリティの定義．

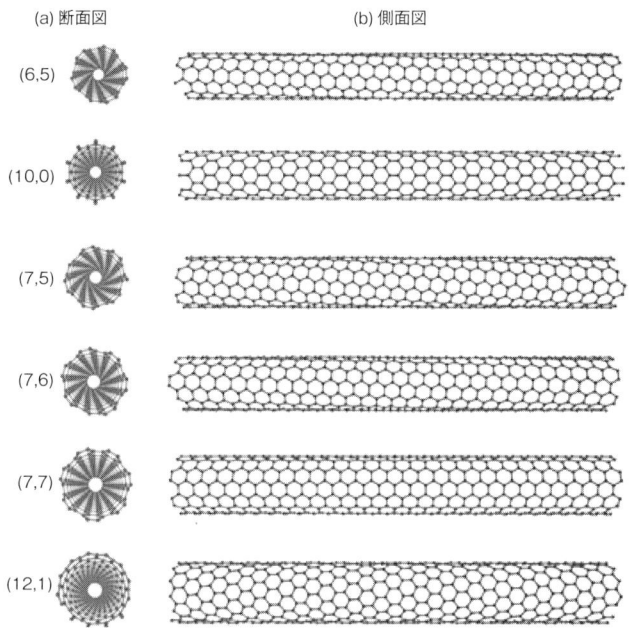

図 **2.3** カイラリティの異なる様々な SWNT の構造.

話がややこしくなるが,らせん型 SWNT には互いにエナンチオマーの関係にある左巻きと右巻き SWNT が存在し,いわゆる「カイラリティ」を持つ.この混同を避けるために本来であれば CNT の巻き方は一部で用いられる「ヘリシティ」と呼ぶべきだったかもしれない.

2.1 CNT の合成

CNT の作製法としては,炭素源となるガスを加熱炉にキャリアガスとともに吹き込んで CNT を合成する化学気相成長 (CVD) 法,グラファイト電極に直流または交流を印加して CNT を成長させるアーク放電法(図 **2.4** (a)),炭素源となるグラファイトなどをレーザー照射により加熱蒸発させて CNT を得るレーザー蒸発法などがよく用いられる(図 2.4 (b)).

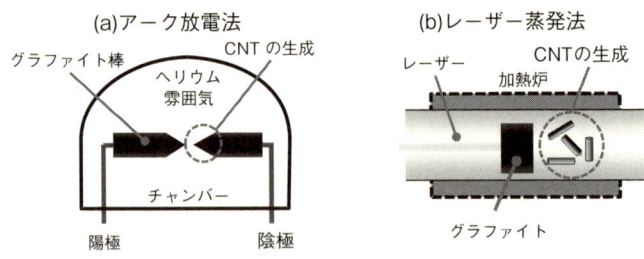

図 2.4 (a) アーク放電法と (b) レーザー蒸発法.

表 2.1 代表的な CNT 合成法と，得られる CNT の特長.

	収率	結晶化度	純度
アーク放電法	低	高	低
レーザー蒸発法	低	高	中
CVD 法	高	中	中〜高

1991 年に飯島により最初に発見された CNT はアーク放電法により陰極に堆積した MWNT であった[1]．その後，彼らは電極に鉄を触媒として混ぜておくことにより同様なアーク放電法で SWNT が得られることも発見している[2]．現在では様々な金属を触媒とした合成法が見出され，大量合成も可能になっており市販で入手できる．アーク放電法で作製される SWNT は結晶化度（SWNT 上にどれだけ欠陥が少ないか）が比較的高く直線性の良い長所があるが，炭素系不純物や触媒粒子を多く含み純度（全生成物量に対する SWNT の量）が低い（〜30%）のが短所である．一方，レーザー蒸発法はおよそ 70% 近くまでの高純度な SWNT を合成することができる．レーザー蒸発法で合成される SWNT は，アーク放電法より結晶化度が高く，生成温度の調整が可能なため，直径などの制御がアーク放電法より精密にできるという特長がある（**表 2.1**）．その反面，出力の高いレーザーを必要とし，一度に得られる量に限度があるなど，大量生産には不向きである．

CNT の有用性が明らかになるにつれ，大量で安価な CNT 合成の必要が高まり，大量合成に適した CVD 法が大きな発展を見せている．CVD 法はもともと 1960 年代に気相成長炭素繊維 (VGCF: Vapor-Grown Carbon Fiber) の作製において信州大学の遠藤らにより確立された技術であったが，CNT 合成に拡張されていった．MWNT に関しては比較的適用が容易だったのに対し，CVD による SWNT の合成は困難であったが，1998 年に入り，金属ナノ粒子を触媒に用いることにより CVD 法による SWNT の合成が可能になった[3]．

CVD 法は大量合成が期待できることから，金属ナノ粒子の種類と炭素源の供給法の異なる様々な CVD 法が研究されてきた．触媒としては主に炭素原料である炭化水素やアルコールを分解する作用を示すことが知られる鉄族（鉄，コバルト，ニッケル）が用いられている．その他，パラジウムや白金，金，銀などの貴金属，半導体であるシリコン，ゲルマニウムなどのナノ粒子，アルミナやダイヤモンド，シリカなども触媒として作用することがわかっている．金属ナノ粒子からの CNT 成長のメカニズムは，まず分解された炭素が金属ナノ粒子中に溶解し，過飽和になった後に表面に析出し成長していくと考えられている．析出初期にフラーレンを半分にしたような構造（キャップ構造）がナノ粒子表面で形成され，そこを始点に炭素が円筒状に析出していくモデル（図 **2.5**）が一般的に受け入れられている．

炭素源の分解はプラズマやホットフィラメントで促進させる方法（プラズマ CVD，ホットフィラメント CVD）もあるが（特に基板を高温にできない場合に有効），一般的には加熱のみで行い，熱 CVD 法と呼び分

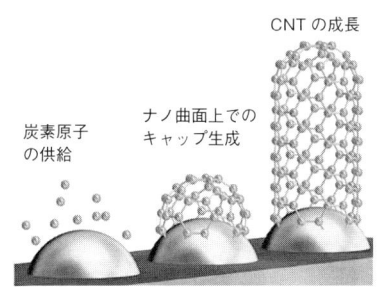

図 **2.5** CNT 成長メカニズム．
出典：JST ウェブサイト
(http://www.jst.go.jp/kisoken/nano/fruit/contents/article/1a-11.html)

けられることもある．CVD 法の中でも特に研究が盛んなのは，金属微粒子触媒を炭素源ガスの気相中を流動させながら SWNT を成長させる「気相流動法」と，基板上に塗布した金属触媒に炭素源を供給することで成長させる「基板成長法」である（図 2.6）．気相流動法は信州大学の遠藤らを中心に開発された Ar/H_2 ガスフロー中でベンゼンを熱分解する VGCF 製造にルーツを持つ．この方法においてはまず MWNT の製造に成功した後，1998 年に中国科学院の Cheng らが SWNT の製造に成功している[4]．その後，様々な触媒，炭素源，触媒導入方法が検討されたが，中でも市販にも用いられ世界中の研究者が研究対象として用いている，いわゆる HiPco 法が有名である．HiPco 法は鉄を触媒とし，一酸化炭素を炭素源として成長させる手法で，フラーレンでノーベル賞を受賞した米国ライス大学の Smalley らにより開発された[5]．HiPco 法で得られる CNT は残存触媒が多く，およそ 40wt%程度の鉄微粒子が残存していて，通常精製して使用する必要がある．

気相流動法の発展における日本のグループの貢献は非常に大きい．2001 年に産業技術総合研究所の吾郷らは逆ミセルを利用して作成したサイズの均一な触媒ナノ粒子をトルエンコロイド分散液とし，炉内に直接スプレー噴霧することで SWNT を得る「直接熱分解合成法（DIPS 法）[6]」（図 2.7）の原型となる合成法を開発した[7]．2006 年に産業技術総合研究所の斎藤らは，この方法をさらに改良し，キャリアガス中にも炭素源を混合導入することで触媒利用率を高めた「e-DIPS 法」と呼ばれる新しい気相流動法を開発した[8]．この手法で得られる SWNT は精製なしで

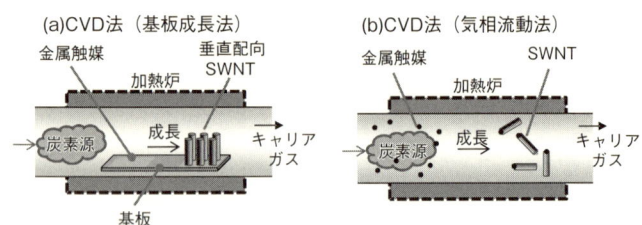

図 2.6　代表的な 2 種類の CVD 法の模式図．

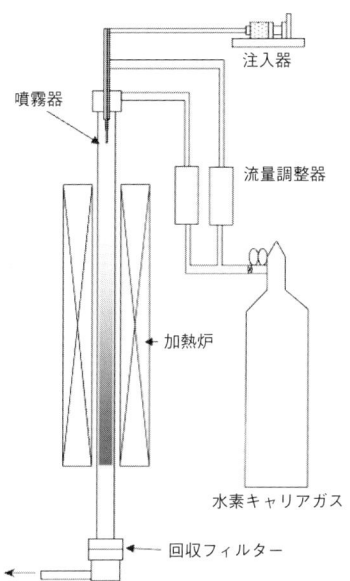

図 2.7 DIPS 法で用いる合成装置のセットアップ模式図.
出典：S. Iijima, *J. Phys. Chem. B*, 2005, **109**, 10647.

97.5％もの純度を持ち，結晶化度も非常に高く，従来の CVD 法で得られる SWNT の短所を克服した高品質な SWNT である．

一方で基板成長法は比較的手軽に行えるために，大学の研究室レベルにおいても広く利用されている．東京大学の丸山らが開発した代表的な基板成長法であるアルコール CVD 法は，触媒となる金属塩溶液を塗布した石英基板に，アルコールを炭素源として加熱炉中で供給するだけのシンプルな方法である（**図 2.8**）[9]．温度等を制御することで SWNT の直径分布を制御できる．条件を選ぶことで，基板に垂直配向させたいわゆる「垂直配向 SWNT アレイ」（**図 2.9**）を得ることができる [10]．垂直配向 SWNT アレイは大面積に SWNT が配列しているため，このまま電極等のデバイスにできる利点もある．基板成長で得られる SWNT は単離後の SWNT に触媒の混入が少なく，純度の比較的高い CNT が合

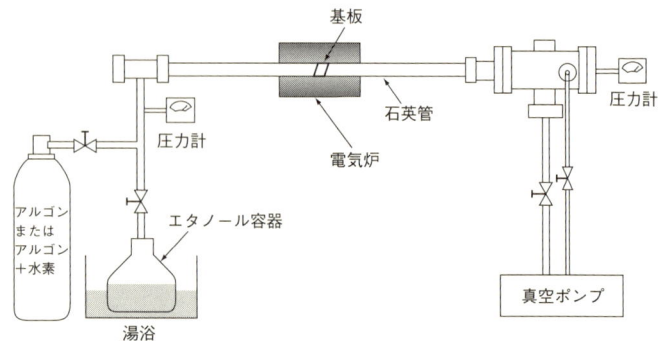

図 2.8 アルコール CVD 法の実験セットアップ模式図.
出典：S. Maruyama, *Jpn. J. Appl. Phys.* 2004, **43**, 1221.

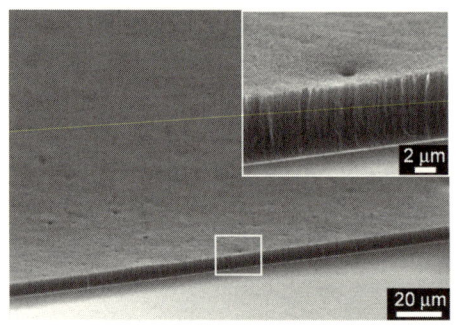

図 2.9 垂直配向 SWNT 膜の電子顕微鏡写真.
出典：S. Maruyama, *Chem. Phys. Lett.*, 2005, **403**, 320.

成できるが，大量合成に不向きな方法であった．その中で，2004 年に産業技術総合研究所の畠らは，原料ガスに微量の水蒸気を「成長促進剤」として添加することで触媒の活性と寿命を飛躍的に向上させることに成功し，わずか 10 分で数 mm もの長さの SWNT を成長させる「スーパーグロース法」を開発，大量合成への道を開いた [11]．それまでの基板成長速度は 1 分間に数 μm 程度であったのと比較し，飛躍的な向上であった．

e-DIPS 法とスーパーグロース法という二つの優れた国産技術により

表 2.2 代表的な CNT メーカー.

メーカー名	主な CNT	年産(トン)	製造法	特徴
Unidym（米国）	SWNT (HiPco®)	1.5	CVD 法	ライス大学 R. E. Smalley らの手法で製造. 垂直配向 MWNT 膜の販売も. 最もよく研究された CNT.
SouthWest Nano Technologies（米国）	SWNT (CoMo CAT®)	1.0	CVD 法	オクラホマ大学 D. Resasco らの手法で製造. 最近は 50%以上 (6,5)SWNT または 50%以上 (7,6)SWNT の CoMoCAT もある CNT インクも販売
東レ（日本）	DWNT	1.5	CVD 法	名古屋大学篠原らと共同開発技術をもとに発展.
Nanocyl（ベルギー）	SWNT DWNT MWNT	400	CVD 法	ベルギー Namur 大学 B. Nagy らの技術で製造. MWNT の分散液, エポキシ複合体, 樹脂複合体等幅広く展開.
昭和電工（日本）	MWNT	500	CVD 法	信州大学遠藤らの技術で製造. 世界トップシェアを誇る CNT メーカー.
Bayer Material Science（ドイツ）	SWNT MWNT (Baytubes®)	260	CVD 法	2013 年までに年産 3000 トンを目指す.
Hyperion Catalysis（米国）	MWNT	50	CVD 法	最も歴史の長い MWNT メーカー.
CNano Technology（米国）	MWNT	500	CVD 法	昭和電工と並ぶ世界トップシェアメーカー. 中国で量産を行う.
Carbon Solutions（米国）	SWNT		アーク法	アーク法 SWNT を量産する.
名城ナノカーボン（日本）	SWNT	1 >	アーク法	名城大学安藤らの技術をもとに生産. 分離された半導体性 SWNT や金属性 SWNT, SWNT 塗布細胞培養皿等のユニークな製品も取り扱う.

SWNT 大量供給の目途はついたため，今後のキラーアプリの探索とその実用化がもたらす「需要」の増加が発生するか否かが CNT 産業立ち上げ・発展の鍵となる．

2012 年現在，100 社以上のメーカーが CNT を製造販売しており，生産量は 2010 年で 2,500 トンにも上る．2016 年には 12,800 トンを越えるという試算もある．80%以上は CVD 法で生産され，次いでアーク法（約 10%），レーザー法（約 5%）と続く．表 2.2 に代表的な CNT メーカー（2012 年 1 月現在）を挙げた．

2.2 CNTの基本物性

CNTは直径数ナノメートルでありながら,長さが数マイクロメートルに及ぶ高アスペクト比(~数千)を持ち,sp^{2}カーボンの強固な化学結合のみから構成されるユニークな構造による非常に優れた機械的強度や,電気伝導率,熱伝導率などを有する(表 2.3).一方で炭素のみから構成されるために比重は 1.3~2.0 g/cm^3 程度と鋼の 5 分の 1 程度と非常に軽い.これら CNT1 本における優れた物性を効率的に材料として反映させ,いかに実用化につなげるかは重要な CNT 研究のターゲットになっている.これまで述べたように合成法の違いにより同じ SWNT でも様々な構造の違いが存在するばかりか,精製処理の方法の違いによっても欠陥の密度,不純物の量などが異なってくるため,SWNT の物性値を文献値と比較する際には注意が必要となってくる.

2.2.1 機械的強度

CNTの大きな魅力の理由の一つとして,優れた機械的強度がまず挙げられる.SWNTでおよそ弾性率 1 TPa,引張強度 13~53 GPa,破断点伸度 16%,MWNT で弾性率 270~950 TPa,引張強度 11~150 GPa,破断点伸度 16%と報告されている.これらの値は表 2.3 にも示すように金属材料と比較しても優れており,「史上最強」の物質と言って過言ではない.さらに,同じカーボン系材料として,すでに普及し始めている炭素繊維(カーボンファイバー)の物性(弾性率:900 GPa,引張強度:

表 2.3 CNT の特性.

	SWNT	MWNT	比較物質
弾性率 (GPa)	1,000	270~950	180~240(鋼鉄) 270 (PBO)
引張強度 (GPa)	13~53	11~150	0.38~1.55(鋼鉄) 5.8 (PBO)
密度 (g/cm^3)	1.3~1.5	1.8~2.0	0.9~1.5(高分子)
比表面積 (m^2/g)	1,900(開端前) 2,700(開端後)	直径に依存	1,000~3,500 (活性炭)
破断点伸度 (%)	16	15.6~17.5	15~50(鉄鋼)
熱伝導率 (W/mK)	3,000		420(銀)

6.4 GPa,破断点伸度：2.2%）と比較しても圧倒的に優れている．ただし，CNT は金属材料のように溶融して任意の形状に成型加工することができないために，直ちに金属の代替材料になるわけではない．構造材料として使うには CNT を束ねて使うか，添加剤として他の材料に分散させる使い方が主に検討されている．

まず，CNT を束ねて使う場合であるが，CNT は長くても数 mm 程度なので，束ね方を工夫する必要がある．CNT の撚り糸（ワイヤー）を作る一つの方法として，基板上に作成した垂直配向 CNT から紡糸する方法がある．この場合，CNT を平行に束ねるのみでは非常に弱いため，きつく撚って束ねることで CNT どうしの相互作用を強めてワイヤー状にする（図 **2.10**）．しかし，これまでのところ引張強度 1.9 GPa（弾性率 330 GPa,破断伸度 7%）[13] と，炭素繊維や最強の高分子ファイバーであるポリベンズオキサゾール（PBO）繊維の弾性率 270 GPa,引張強度 5.8 GPa には及んでいない．別の CNT ワイヤー作成法として，気相流動法による CNT 合成炉から出てきたエアロゾル状 CNT をそのまま巻き取ることで CNT ワイヤーを作成する方法も提案されている（図 **2.11**）．最小限の作業工程でワイヤーが得られる魅力的な方法であるが，ここでも引張強度で 1.5 GPa 程度が限界のようである [14]．まだ 1 本の CNT の強度には遠く及ばないのが現実であり，CNT ワイヤーへの樹脂

図 **2.10** CNT 垂直配向アレイからの撚糸紡糸の様子．
出典：R. H. Baughman, *Science*, 2004, **306**, 1358-1361.

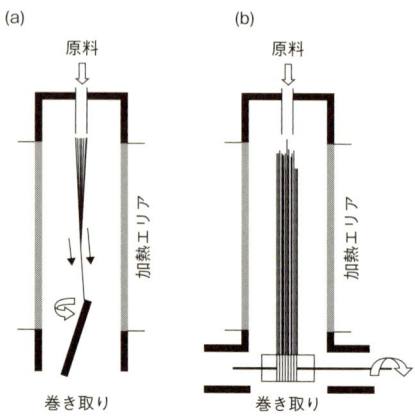

図 2.11 反応炉からの直接紡糸の模式図.
出典:A. H. Windle, *Science*, 2004, **304**, 276-278.

含浸など束内のつながりを強化する工夫等が必要のようである[15].

SF のような話だが,CNT ワイヤーはその強度と軽量性ゆえ,宇宙と地上とを結ぶ「宇宙エレベーター」のワイヤーとしての夢が持たれている.現在では触媒失活と触媒への炭素源拡散の制約によって数 mm で止まってしまう CNT の成長を飛躍的に伸ばす技術の登場に期待したい.

一方で,CNT を他の材料に添加剤として分散させるアプローチにおいては,金属,セラミックなどへの添加の他,強度や導電性などにおいて最も補強効果が見込める高分子材料への添加が多く研究されている.高分子との複合体においては高分子材料の特色である軽さ(密度 1~1.5 g/cm^3)を損なうことなく,高分子の強度を劇的に向上させられる可能性が高い.理論的には補強により金属系材料に匹敵する強度も実現できるとされており,年間数百報にも上る学術研究論文が提出されるまでに至っている.金属材料からの置き換えが進めば,例えば航空機や自動車の軽量化による燃費向上が見込め,省エネルギー化にも大きく貢献できるであろう.CNT の極限的性質を複合体に効率的に反映させるためには,まず CNT を高分子中に均一に孤立分散することが重要であることがわかっている.しかし大きなアスペクト比と 1 nm あたり 0.9 eV(計算値)[18]

というバンドル形成力を解いて高分子樹脂中均一に分散することが困難なため，理論通りのナノ複合体作製添加効果を得るには至っていないのが現状である．高分子複合体内での分散状態の正確な理解や，界面相互作用の解析などに基づき，用いる高分子ごとに最適な分散手法を選択することが必要だと考えられている．

2.2.2 熱伝導度

金属材料を凌駕する CNT 物性の一つに熱伝導度がある．円筒構造という端のない特徴的な構造から，熱伝導のキャリアであるフォノンの散乱が抑制され，1 次元構造上を長距離にわたって熱を伝播させることができる．SWNT，MWNT ともに 1 本単独では 3,000 W/mK の熱伝導性を示す（理論値 6,000 W/mK）．高い熱伝導度を持つ金属である銅でさえ 385 W/mK と 1 桁低く（ただしバルク固体としての物性），いかに CNT の熱伝導度が高いかがわかる．このような高い熱伝導度を持つ材料は熱交換器やヒートシンクなどの放熱デバイスとして，最近の電子材料分野，自動車分野，家電分野と様々なデバイスでも注目されている．熱交換器やヒートシンクの放熱部は，フィン構造の微細化などによる放熱性能の向上が図られていたが限界に達しているため，熱伝導率の高い材料を用いて放熱性能を向上することが検討されている．実際にアルミニウム合金や炭化ケイ素に CNT を添加した放熱材料が研究されている．

2.2.3 比表面積

CNT はゼオライトやメソポーラスシリカ等の多孔質材料を上回る大きな比表面積を有し，計算では直径 1.36 nm の SWNT で 1,900 m^2/g もの表面積があるとされている．合成後にはキャップされている片端を開端して内壁も吸着に寄与できるとすると，合計で 2,700 m^2/g もの比表面積を与えると見積もられている [19]．しかし実際に報告されている多くの実測値はその 10～30% 程度の吸着面積しか与えない．この計算値と実測値との差はバンドル形成のために，CNT 表面が有効な吸着サイトとして寄与できない状態にあるからである．事実，1 本 1 本が比較的疎になっている垂直配向 SWNT などにおいては凝集が最小限に抑制できる

ため, 計算値に近い比表面積 (2,240 m²/g) が得られることがわかっている[20]. このことからも CNT の大きな比表面積を利用する応用の際には十分に分散した状態で用いることが極めて重要であることがわかる.

2.2.4 分光学的性質

CNT は一種の共役系高分子であり, その発達した π 共役により吸収が赤外波長域まで拡張している. そのため CNT 粉末は「黒い」物質である. あらゆる光を完全に吸収し, まったく反射しない物体を黒体と呼ぶが, SWNT 垂直配向膜はこれまで発見された物質の中で最も黒体に近い物質である[21,22]. 一方で SWNT 1 本 1 本は特長ある光吸収挙動を示す. SWNT においては形状の 1 次元性のためにバンド構造が量子化したファンホーブ特異点と呼ばれる状態密度が特異的に高いバンドを持っている. これはちょうど低分子化合物における分子軌道と類似の構造で, バンド間遷移に伴う明確な吸収や発光を持つことに対応している. 図 **2.12** に SWNT 分散溶液の吸収スペクトルを示す. 発達した共役系のためにバンド間は狭く, 半導体性 SWNT におけるエネルギーの最も小さい遷移に対応する吸収 ($v_1 \rightarrow c_1$ 遷移) は近赤外領域 (800 nm〜1,600 nm) に現れる (図 2.12). 巻き方のわずかな違いによりこのバンド幅が

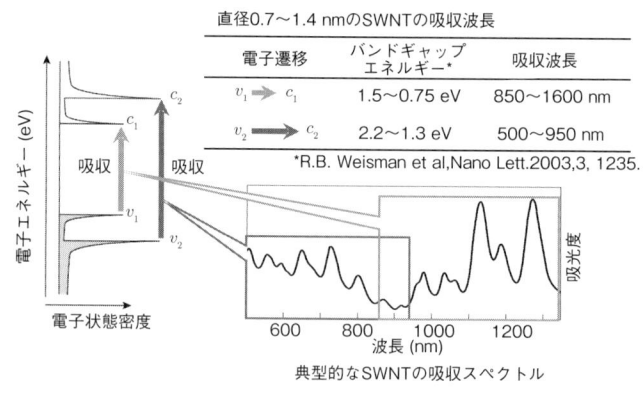

図 **2.12** SWNT のバンド構造と吸収スペクトルの対応.

異なるため,様々なカイラリティ SWNT の混合物である SWNT 分散溶液で複数のカイラリティに帰属できるシャープな吸収が観測される.ちなみに,この吸収ピークがシャープであるほど分散状態が孤立状態に近いことを意味し,ブロードな場合はバンドルした SWNT を多く含むことに相当する.また,太い SWNT ほど長波長側に吸収を持っているため,吸収スペクトルを測定することで分散された SWNT の太さ分布が理解できる.金属性 SWNT の E_{11} 遷移は可視域部に現れるので,吸収スペクトルを測定すると SWNT に含まれる金属性 SWNT と半導体性 SWNT の割合も大まかに理解できる.半導体性 SWNT の $v_2 \to c_2$ 遷移(図 2.12)も可視域部に現れるため,カイラリティごとに分離した金属性 SWNT および半導体性 SWNT からはそれぞれの吸収に応じた様々な着色が視認できる.SWNT が本当は黒くない,という事実は SWNT がただの炭素の塊ではないということを感じさせてくれる.

 光を吸収して励起された SWNT のうち,半導体 SWNT はバンド間に対応する近赤外発光を伴って緩和する.ただし,SWNT には蛍光消光剤として作用する金属性 SWNT が共存するために,バンドル状態を解き,完全に孤立分散しないと発光(フォトルミネッセンス,PL)は観察されない.逆に言えば PL の有無により溶液中に孤立分散 SWNT が存在するかが判断できる.**図 2.13** に SWNT 分散溶液の PL スペクトルを示す.縦軸に励起波長を,横軸に PL 波長を示しており,様々な励起波長における PL スペクトルを順に重ね合わせて上から眺め,高さの差を色のコントラストの差として表現した 2D マッピングである.このようにプロットすることで各カイラリティに由来する PL が個別に観察されることになる.図 2.13 には帰属も合わせて示してある.含まれる SWNT の直径が比較的小さい HiPco や CoMoCAT は 900〜1,300 nm 付近に PL を示す.この付近の PL は比較的明るいために,レーザーを励起に用いずともインジウムガリウムヒ素 (InGaAs) 検出器を搭載した分光器であれば検出可能である.一方,アーク放電法で合成された SWNT は直径が太く (1.2 nm〜),PL の量子収率が低く暗いため励起にレーザーが必要となる.

 CVD 法由来 SWNT の PL 検出のしやすさは基礎研究に CVD 法

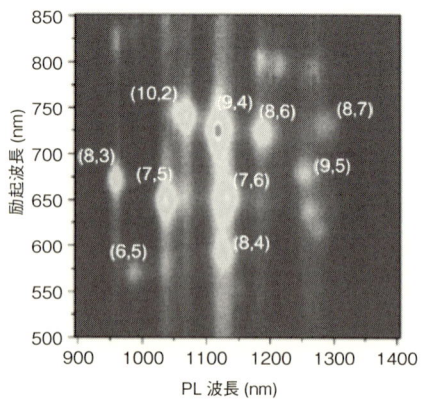

図 2.13 SWNT 溶液の PL スペクトルの 2 次元マッピング．

SWNT が好まれる一つの理由である．また，SWNT の PL は構造的堅牢さから通常の色素と異なり，ほとんど退色しないことが特長である[23]．近赤外領域は血液や水の吸収がほとんどなく生体透過性の高い領域とされ，この領域に吸収や発光を持ち，退色のない SWNT は生体内プローブなどとして期待されている．ただし，この PL 量子収率は 3～5% と小さく，ほとんどは無輻射的な過程により失活し，熱運動に変換される．逆に，この高い発熱効率を高い熱伝導度と合わせて「分子ヒーター」として光照射による局所的加熱に使うアイデアも生まれてくる．この性質を巧みに利用した CNT のがんに対する温熱療法については第 6 章 6.2 節で紹介する．また SWNT の近赤外域吸収には過飽和吸収という非線形光学効果があり，近赤外領域が次世代通信帯であることと合わせて次世代光通信材料としての利用も期待されている．

ところで，PL を示すのは半導体性 SWNT のみであるため，PL 測定ではサンプルに含まれる金属性 SWNT の情報は得られない．金属性 SWNT のカイラリティ分布理解のためには，ラマン分光法を用いて CNT の直径を振動するモードであるラジアルブリージングモード (RBM) を解析する方法が有効である．図 2.14 に界面活性剤を用いて水溶液中に孤立分散させた SWNT のラマンスペクトルを示す（励起 785 nm）．100～

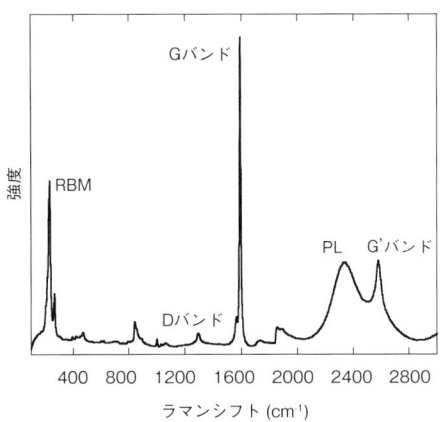

図 2.14 界面活性剤で水溶液中に分散させた SWNT (HiPco) のラマンスペクトル.

350 cm^{-1} 付近に現れるのが RBM に由来するピークであり,ラマンシフトを ω_{RBM} (cm^{-1}) とすると直径 d (nm)$= 248/\omega_{\mathrm{RBM}}$ というシンプルな式で測定している SWNT の直径が求められる.ラマン分光で注意すべき点として,強いラマン散乱光は物質の光学遷移エネルギーと一致した場合に生じるという共鳴ラマン散乱効果を観測していることがある.換言すれば,励起波長に一致する光学遷移エネルギーを持つ SWNT のみを観察しているということである.したがって,PL と同様サンプル中に含まれる全ての SWNT を見ているわけではなく,多くのカイラリティを網羅的に調べようとする場合,多くの励起波長を使って調べなければならないということになる.

図 2.14 に示すようにラマン分光法では RBM の他,D バンド (1,300 cm^{-1} 付近),G バンド (1,590 cm^{-1}),G' バンド (2,700 cm^{-1}) という格子振動に由来する特徴的なピークが現れ,それぞれ有用な情報をもたらしてくれる.G バンドはグラファイト構造中の六員環構造の面内伸縮振動に,D バンドはその欠陥構造に由来する.したがって,G バンドと D バンドの強度比(G/D 比)は CNT 中(グラフェンやグラファイトも)の結晶性の高さを表す指標として極めて有用である.また G バンド

はドーピングによってシフトするために，ドープ状態を理解するプローブとなる．G'バンドはDバンドの倍音ピークであるが，比較的強く出るために観察に便利である．外部圧力などによりシフトするために環境に応答したプローブとして使うことができる．また，SWNTが孤立分散したときに得られるPLが高波数側に観察され，孤立溶解状態か否かをラマン分光測定からも判断できて便利である．

第3章

カーボンナノチューブの可溶化

3.1 はじめに――可溶化の重要性

　第2章で紹介したように，CNT は突出した特性，機能を持つ1次元導電性分子ナノワイヤーであるが，固体状態ではファンデルワールス力等により束（バンドル）構造体を形成し，水や汎用の溶媒には極めて分散困難である．スムーズな表面を持つ巨大分子どうしのバンドル構造はちょうどピッタリ張り付いた2枚の下敷きに似ている．2枚の下敷きは重ね合わせると非常に強固に張り付き，スライドさせても容易にははがれない．しかし，間に「くさび」を入れることで簡単にはがれる．CNT は一種の高分子化合物ではあるが，複雑に絡み合う不溶性の高分子と異なり，くさびさえ入れれば容易に「引きはがす」ことはできる．このくさびに相当するのが超音波照射である．ただし，水や汎用の有機溶媒は CNT を十分に溶媒和できないため，超音波照射を止めると，すぐさまバンドル状態に戻ってしまう（図 **3.1** (a))．CNT を溶媒分散可能にするためには CNT の溶媒和を手助けし，入れた「くさび」から「引きはがす」処理が必要になる（図 3.1 (b))．それが「可溶化処理」である．CNT のバンドルをほどいて溶液を調製することで，その利用，応用は飛躍的に広がる．CNT の可溶化は CNT の基礎研究，応用研究へのキーサイエンス・テクノロジーとして重要な意味を持つ．

　これまで CNT 可溶化により多くの CNT 溶液が報告されているが，溶液中の CNT の分散状態はそれぞれにおいて必ずしも同一ではない．溶液中の CNT 分散状態においてバンドル形成力により数本がバンドルし

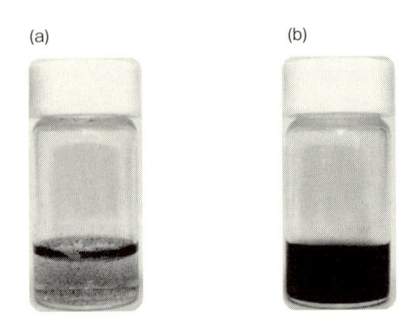

図 3.1 (a) 可溶化されていない CNT 分散溶液，(b) CNT 可溶化溶液．

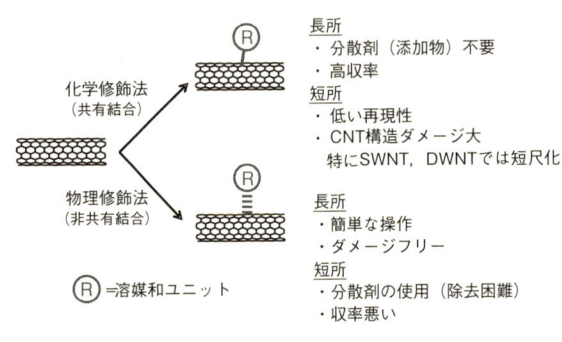

図 3.2 可溶化法の分類．

ているものから，1本1本がバラバラになっている状態（孤立溶解状態）まで取り得る．SWNT の場合は，孤立溶解することで PL が観測されるために孤立溶解 SWNT の存在を簡単に確認することができる．孤立溶解状態を呼び分けるのは，SWNT の物性解析や分離精製などにおいて孤立溶解状態か否かは極めて重要な要素だからである．一方で MWNT の場合，孤立溶解したとしても確実な測定手法がないために見分けることは極めて難しい．孤立可溶化状態の SWNT は，SWNT を分散剤存在下で超音波処理し，さらに超遠心処理した後の上澄み溶液から得られる．通常，遠心分離の過程で大部分の SWNT は沈殿し，収率が低いという問題点がある．しかも，得られた上澄み溶液中の SWNT の全てが孤立

溶解状態であるとは限らない．より高収率で孤立溶解 SWNT を得るためには，CNT 表面にいかにして効率的に溶媒和をもたらす官能基を可溶化剤に導入するかが極めて重要になる．官能基導入の手法としては大きく二つある（図 3.2）．一つは「化学修飾法（化学修飾可溶化）」であり，もう一つは「物理修飾法（物理修飾可溶化）」である．それぞれ 3.3 節と 3.4 節で紹介する．

3.2 一般的な溶媒による分散

可溶化処理による CNT 可溶化について触れる前に，一般的な溶媒に対する分散について触れたい．SWNT 研究の発展初期の段階で多くの研究者がクロロホルムやテトラヒドロフラン（Tetrahydrofran：THF）といった汎用有機溶媒に対する CNT 分散を試したであろう[24-32]．多くの溶媒がほとんど分散性を示さない中で，N-methylpyrrolidinone (NMP) や N,N-dimethylformamide (DMF) が比較的 SWNT をよく分散する溶媒として見出されていた．中でも NMP に対する分散挙動やメカニズムは Colman により詳細に解析され，低濃度領域においては一部孤立分散状態になっていることが明らかとなった[32]．最近，NMP は CNT のみならず，グラフェンも分散することが確認され[33,34]，ナノカーボン分散には特別な「マジックソルベント」とも呼べる溶媒である．しかしながら，これら有機溶媒中での分散は一時的なものであり，CNT 長さ等にも依存するが，時間とともに凝集が進行してくる[27]．したがって，安定的な分散には以降に述べる積極的な溶媒和の導入デザインが必要となってくる．

3.3 化学修飾可溶化（共有結合による可溶化処理）

溶媒和を可能にする官能基を共有結合的に CNT 表面に導入するアプローチを化学修飾可溶化と呼ぶ．これまでに実に多種多様な化学修飾法が報告されており，すでに総説[35-39]にまとめられているので参照していただきたい．共有結合による化学修飾は，修飾の度合いにもよるが，CNT を形成する結合を切断するので，CNT が持つ本来の性質が失われる可能性がある点を認識することが必要である．

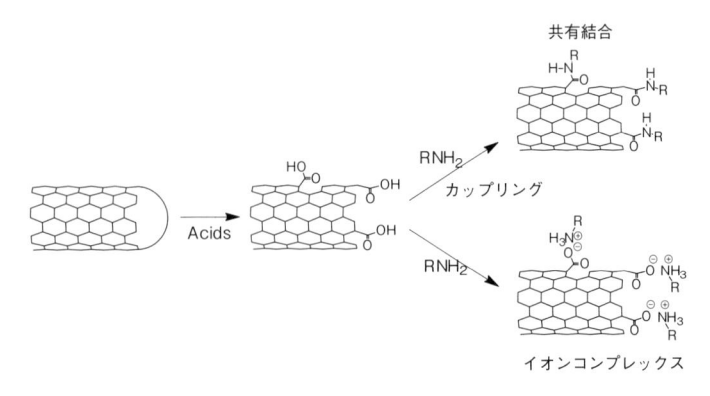

図 3.3　酸処理による化学修飾法.

　最も一般的なアプローチは，CNT の強酸処理による表面酸化である（図 3.3）．強酸処理（$H_2SO_4/HNO_3 = 3/1$ v/v，40〜70 ℃）に添加した CNT に超音波照射（例えばバス型超音波装置）を施すことで，CNT 表面にカルボン酸が導入された酸化 CNT が生成する．特に末端は六員環より反応性に富む五員環を含むため，優先的に酸化されると考えられている．導入されたカルボン酸は水への親和性を高め，水への分散を可能にするばかりでなく，さらなる化学修飾の足場とすることもできる．すなわち，酸化 CNT を塩化チオニルと反応させたのち，アルキルアミンやアルキルアルコールと反応させれば，有機溶媒に溶解する化学修飾 CNT が得られる．ポリエチレングリコール等の水溶性官能基を持つアミンやアルコールと反応させれば水に可溶化できる CNT が合成できる．また，酸化 CNT を足場として重合を行う，または高分子末端と酸化 CNT を結合させることで CNT/高分子複合体を作製することも可能である（第 6 章 6.1.2 節参照）．また，酸化 CNT とアミノ基末端とのイオンコンプレックス形成でも官能基の導入が可能で，実際にアルキルアミンと酸化 CNT とのイオンコンプレックスは THF やクロロホルムに溶解する[40]．CNT の強酸に対する分散性は比較的良好であり，酸化 CNT の調製は簡便である反面，「過剰の酸化」による構造欠陥生成には注意が必要で，特に 1 層のみからなる SWNT の場合，構造ダメージは短尺化（切断）や酸

化溶解につながり，反応を進めるほど CNT 本来の構造特性が失われていく事実への認識も必要である．また，未処理の CNT をアルコール等の極性溶媒に分散している論文も散見されるが，これらの CNT は合成段階や精製の段階で CNT 表面が酸化されていると理解すべきであろう．

一方で，酸化 CNT を経由しないで置換基を導入する方法も数多く報告されている．それらの方法ではフラーレンで用いられてきた多彩な化学修飾法が CNT 表面に対して適用可能である寄与が大きい．図 **3.4** に挙げた (1) カルベンとの反応，(2) Birch 還元反応による水素化，(3) [2+1] 双極子付加環化反応（Prato 反応），(4) オゾンとの反応，(5) Bingel 反応，(6) ナイトレンの [2+1] 付加環化反応，(7) アリールジアゾニウム塩との反応，(8) アルキル過酸化物との反応，(9) アニリンとの反応，(10) フッ素との反応（フッ素化）をはじめとして，$AlCl_3$ 存在下でのクロロホルムの親電子付加反応，Diels-Alder 反応など，多彩な化学修飾などが

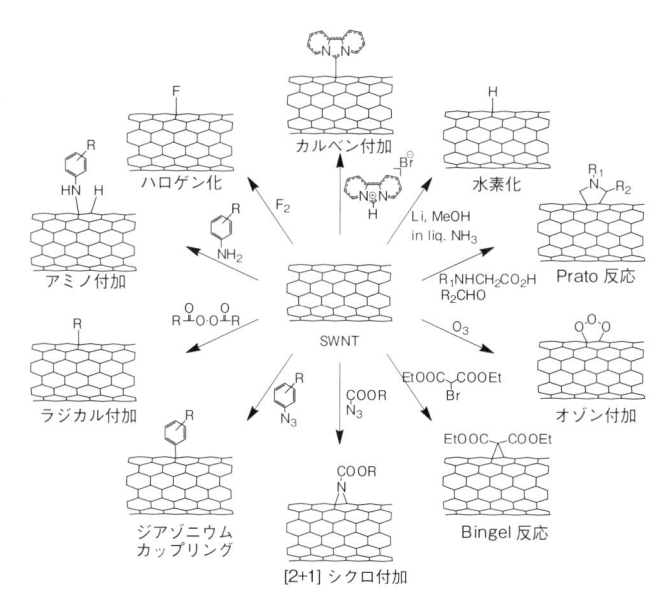

図 **3.4**　付加反応を中心とする化学修飾法．

行われている．その他にも特に付加環化反応はよく利用されており，これについては総説[39]を参照していただきたい．最近では簡便な合成法として，クリックケミストリーを利用したCNTの化学修飾も報告されている[38]．これらの反応はCNTがほとんど分散しない有機溶媒で行うため不均一反応になり，一般的に反応時間を長めに確保しなければならず，反応の結果得られたCNT全てに均一に修飾が施されているとは限らないなど，特有の問題があることも書き添えておきたい．

3.4 物理修飾可溶化（非共有結合による可溶化処理）

物理修飾可溶化は溶媒和ユニットをCNT表面へ非共有結合的に導入する手法である．非共有結合的導入の方法としては疎水性相互作用を利用して導入するアプローチと，正味の引力的相互作用を用いて吸着させるアプローチに大別される．前者による可溶化を「ミセル可溶化」と呼び，後者を「物理吸着可溶化」と呼ぶ（**表 3.1**）．このようなアプローチで可溶化を実現する様々な分子が報告されており，それらについて以下にまとめた．また，これらに対する総説も多く発表されている[41]．

表 3.1 可溶化剤の分類と特徴．

可溶化剤	低分子系		高分子系	
可溶化法	ミセル可溶化（水系）	物理吸着可溶化	ミセル可溶化	物理吸着可溶化
相互作用	疎水性相互作用	π-π，ファンデルワールス，CH-π	疎水性相互作用	π-π，ファンデルワールス，CH-π
代表的な分子	界面活性剤	ピレン ポルフィリン コレステロール	両親媒性ブロック共重合体，高分子電解質	芳香族ポリマー，糖，DNA，共役系高分子
特徴	・除去が可能 ・大過剰必要	・除去が困難	・除去が困難 ・効率的な可溶化	

3.4.1 低分子系可溶化剤

界面活性作用を示す分子はミセル可溶化剤としてCNTの可溶化によく用いられる．種々の界面活性剤，例えばドデシル硫酸ナトリウム (SDS)，

ドデシルベンゼン硫酸ナトリウム (SDBS) などがよく使われる．膜タンパク質可溶化剤として知られているコール酸ナトリウム (SC)，デオキシコール酸ナトリウム (DOC) などのステロイド系界面活性剤もよく使われる（図 **3.5**）．これらのミセル水溶液中に SWNT（固体）を入れ，超音波照射（バス型あるいはチップ型），次に超遠心機による不溶部の分離（上部の可溶部分のみを回収する）により SWNT 溶解・分散溶液が得られる．一般に $100{,}000 \times g$ 以上の速度で超遠心を行えば，1 本 1 本分離した孤立溶解 SWNT が調製できる．可溶化のメカニズムとして，超音波照射中で緩まった CNT バンドル内に界面活性剤分子が入り込み，ジッパーを外すようにバンドルをほどき，最終的に界面活性剤の形成するミセルの疎水性内部空間に CNT が内包され，孤立溶解が達成されるというモデルが受け入れられている．

　一方の物理吸着可溶化剤として，筆者らは多環芳香族基を有する化合物が相互作用により強く物理吸着し，優れた可溶化剤となると考えた．すなわち，図 **3.6** に示すように，「多環芳香族基に極性基を連結すれば水中での可溶化が，疎水基を連結すれば有機溶媒での可溶化が可能となる」というコンセプトである[42, 43]．このコンセプトを実証するために，図 **3.7** に示すような，ベンゼン，ナフタレン，フェナンスレン，ピレンを CNT 吸着ユニットとし，極性基としてアンモニウム塩を連結した化合物を合成し，これらを用いて水中での SWNT 可溶化能を調べた[43]．

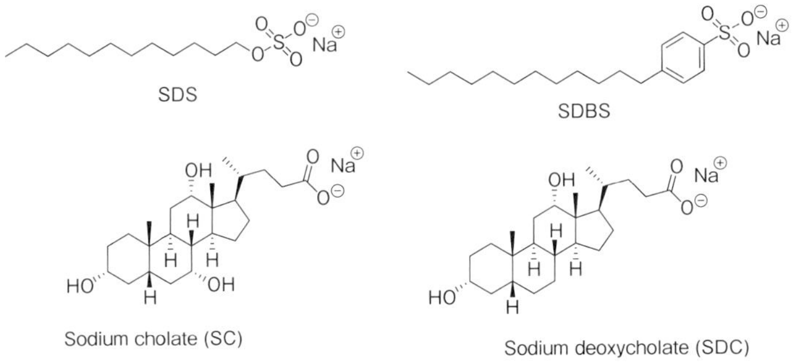

図 **3.5** 代表的な CNT 可溶化界面活性剤の構造式．

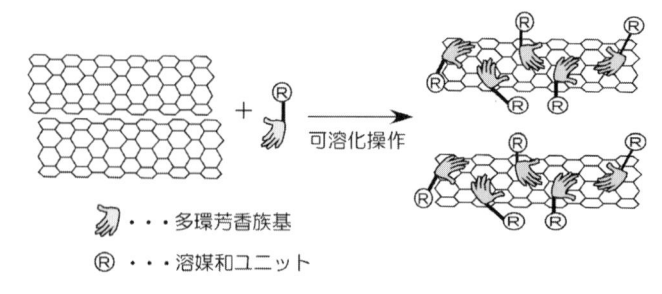

図 3.6 多環芳香族基による可溶化のイメージ．

図 3.7 アンモニウムブロマイド（水溶性基）を持つ種々の多環芳香族化合物．

その結果，フェニル基，ナフチル基を持つ化合物は可溶化を示さず，フェナンスレンを持つ化合物はわずかに可能化能を示し，ピレンを持つアンモニウム化合物は SWNT を非常によく溶解する，というものであった．その後，多彩なピレン誘導体が合成され，CNT 可溶化に利用されている [41]．また，その効率的な吸着ゆえ可溶化のみならず，金属ナノ粒子やタンパク質などを CNT に担持する際のリンカー分子としてもピレン誘導体は多く利用されている．多核芳香族では，他にもアントラセン，ターフェニル，ペリレンなどの誘導体も CNT を可溶化する [41]．

最近，筆者らは分子と CNT 表面との相互作用の大小を評価するために SWNT を固定相とする液体クロマトグラフィー用カラムを作製し，様々な多環芳香族分子をサンプルとしてアフィニティークロマトグラフィーを行った．その結果，図 **3.8** に示すような順で相互作用が強くなることが明らかとなり，SWNT 表面と多環芳香族分子の相互作用の強さとして

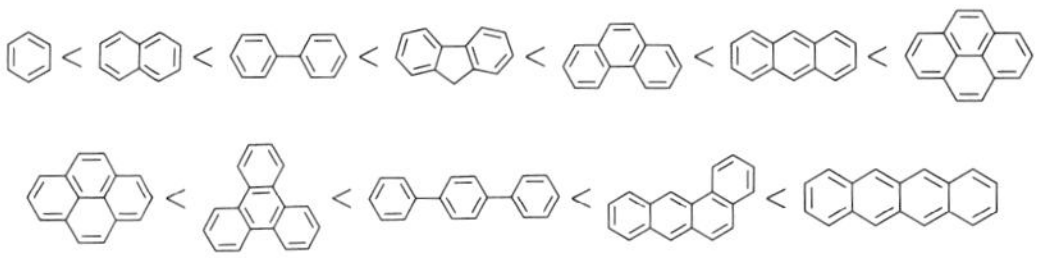

図 3.8 アフィニティークロマトグラフィー評価から明らかになった相互作用の大小.

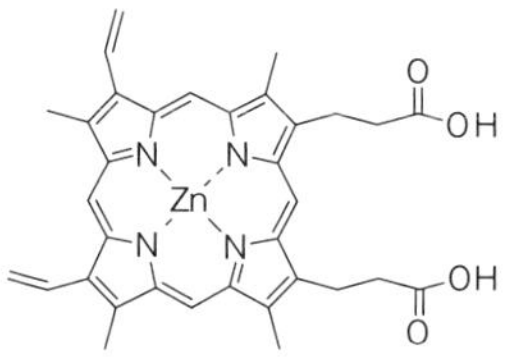

図 3.9 可溶化作用を示した最初のポルフィリンの化学構造式.

以下のことが明らかとなった[44]．

(1) ベンゼン環が多いほど強い相互作用をもたらす．
(2) ベンゼン環の数が同じであれば，より直線状に配列している方が有利である．
(3) ベンゼン環は縮環したポリアセンより単結合で結合されたポリフェニル系が有利である．

　今後，このような知見が可溶化分子の分子設計に活用できると考え研究を展開している．筆者らは巨大π系分子であるポルフィリンも物理吸着可溶化ユニットとして有効であることを世界に先駆けて報告している（**図 3.9**）[42]．ポルフィリンは光合成中心を担う色素としても知られ，古くから電気化学や光化学の分野において膨大な研究が行われている機能性分子である．したがって，半導体性を示すものもある SWNT との組み合わせは多くの光誘起電子移動の研究へと発展することとなった．

　低分子系の可溶化剤は，多くの場合 CNT 上に吸着している可溶化分子とバルク溶液中で遊離（フリー）の状態にある可溶化分子とが動的な平衡状態にある．したがって，透析操作などでフリーの可溶化分子を除去すると CNT 上の可溶化分子もやがて減少し，最終的には可溶化分子を

3.4.2 高分子系可溶化剤

　高分子系の可溶化剤も多く報告されており，低分子系と同様にミセル可溶化剤と物理吸着可溶化剤に分類できる[41]．高分子とCNTのような巨大分子どうしの相互作用では，二者を厳密に区別しきれなくなってくるが，可溶化剤選択の指針には重要になる．ミセル可溶化剤としては疎水性ユニットと親水性ユニットからなるブロック共重合体が該当する（図 **3.10**，図 **3.11** に代表的な化合物を示した）．例えばポリスチレン (PS)-ポリアクリル酸 (PAA) ブロック共重合体 (PS-PAA) によるCNTの水分散系では疎水性PS部をCNT側に，親水性PAA部を水溶液側に向けることでミセル可溶化が達成されている．この系により最初に高分子ミセルによるSWNT可溶化を発見した米国ミネソタ大学のTatonらは，PAA部をジアミン架橋することで余剰なPS-PAA除去した後でも凍結乾燥や溶媒置換などの変化に関わらず，分散溶液を与える極めて安定なミセルカプセル内包SWNTを得ている[45]．この報告以降，多くのブロック共重合体によるCNT分散が報告されているが，疎水性ユニットとしてはPSが，親水性ユニットとしてはポリエチレンオキシド (PEO) 部位を持つものが多く報告されている．

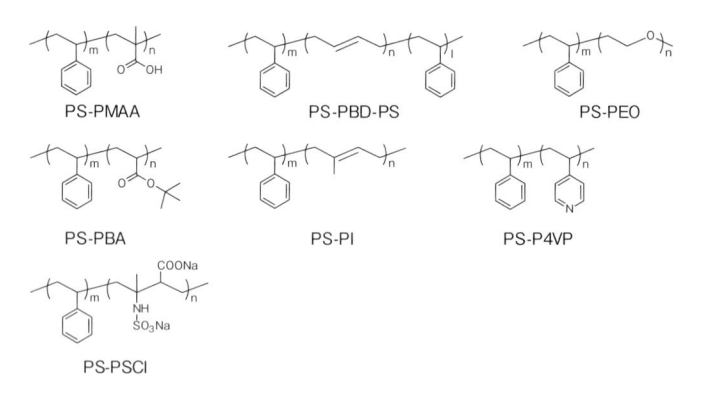

図 **3.10**　これまでに報告されている PS 系ブロック共重合体可溶化剤[45–53]．

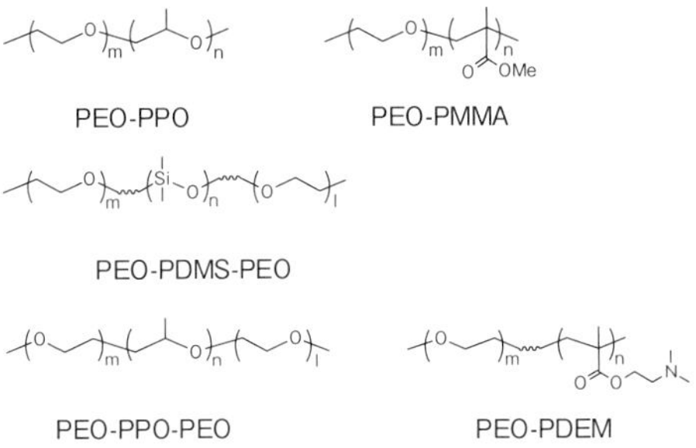

PEO-PPO　　　　　**PEO-PMMA**

PEO-PDMS-PEO

PEO-PPO-PEO　　　　**PEO-PDEM**

図 3.11　これまでに報告されている PEO 系ブロック共重合体可溶化剤[46, 49, 54–56].

　一方，物理吸着可溶化剤としては主鎖や側鎖が物理吸着性を示す高分子が用いられている．代表的なものとしては，主鎖が π-π 相互作用により吸着するポリパラフェニレンビニレン誘導体などの共役系高分子や，主鎖の CH-π 相互作用が重要な役割を果たすカルボキシメチルセルロースやキトサンやゼラチンが挙げられる．また側鎖が物理吸着する高分子系可溶化剤としてはピレンやアントラセンなどの芳香族ユニットを導入したペンダント型共重合ポリマー（**図 3.12**）が，有機溶媒中で SWNT を孤立溶解させる能力を有している．低分子系と比較した場合の高分子物理吸着可溶化剤の特徴は，多点で CNT 表面と相互作用するために，バルク中に遊離している可溶化剤との交換が遅くなっている点である．後述する DNA においては交換が極めて起こりにくく，交換供給源となるフリーの状態の DNA が存在しない状態であっても可溶化が達成できる．したがって，高分子可溶化剤と CNT は比較的安定な複合体を生成していると考えられることから，高分子/CNT 複合体としての応用研究が盛んに行われている．

　筆者らはスーパーエンジニアリングプラスチックのような機能性高分子の中から高分子系可溶化剤として効果を示す高分子を探索し，高分子/CNT 複合体の高機能化に関する研究を展開している．その中で耐熱性高分子であるポリベンズイミダゾール (PBI) や電子材料用部材として実用化されているポリイミド (PI) が優れた CNT 複合体を形成することを見出した．**図 3.13** に示したスルホン酸塩型全芳香族 PI(PI-1) はジメ

図 3.12 代表的なペンダント型ピレンポリマー可溶化剤の化学構造式 [57–63].

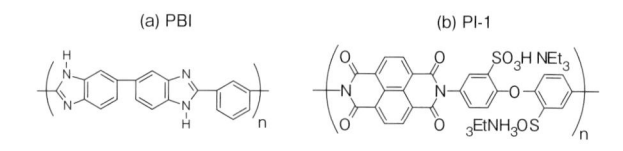

図 3.13 (a) PBI と (b) PI-1 の化学構造式.

チルホルムアミド (DMF) やジメチルスルホキシド (DMSO) などの溶媒中で SWNT を極めて高効率に可溶化する.その量はポリイミド 1 mg が 3 mg もの SWNT を可溶化できる.このような高濃度において溶液はゲル化するが,孤立溶解 SWNT とほぼ同じピークを持った近赤外吸収スペクトルを示す.同様に PBI も SWNT を完全に孤立状態までバンドルを解いて可溶化している [64].PI/CNT 複合体からは超高強度材料が,PBI/CNT 複合体からはエネルギー材料の創成が期待できる.

3.4.3　DNA 可溶化剤

　CNT 科学において大きな研究領域を形成している高分子系可溶化剤がある.それが DNA である.2003 年に筆者ら [65] により二本鎖 DNA

が（図 **3.14**），また，ほぼ同時に Zheng ら [66] により一本鎖 DNA が SWNT を溶液中に安定に分散させることがそれぞれ報告され，多くの分野で注目を集めている．一本鎖 DNA と CNT は，DNA 塩基との π-π 相互作用や NH-π，CH-π 相互作用により吸着していることが計算解析から提案されている．二本鎖 DNA では，超音波処理の際に部分的に解けた DNA 鎖の塩基対と SWNT 表面による π-π 相互作用や，二本鎖 DNA の主溝と SWNT の相互作用が考えられている．DNA/CNT 複合体に関しては，これまでに細胞取り込みやドラッグデリバリーシステムなどのバイオアプリケーションを中心として多くの報告がなされている（第 6 章でも紹介）．DNA による CNT 可溶化は極めて安定で，サイズ排除クロマトグラフィー（SEC）により存在する過剰な DNA（フリー DNA）と DNA/SWNT 複合体を分離し，単離したフリーの DNA を含まない DNA/SWNT 複合体の安定性を SEC に再度注入するという手法で評価したところ，単離後 1 ヵ月後においても複合体からの DNA の解離は見られなかった（図 **3.15**）[67]．SWNT の孤立溶解は，高分子量の DNA である必要はなく，10 量体程度のオリゴ DNA で充分である．こうした高い複合化安定性がバイオ分野応用研究における多くの成果に重要な意味を持つと思われる．

　DNA/CNT 複合体の研究は，バイオ分野に限定されず，SWNT の電子，光特性の解明にも利用されている．DNA によって孤立分散した SWNT の示す光吸収バンドおよび PL は，溶液の pH によって大きく変化する．すなわち，pH 6 以下では，様々な直径の SWNT のうち，最も径の細い SWNT 以外の $v_1 \to c_1$ 遷移に対応する光吸収バンドのブリー

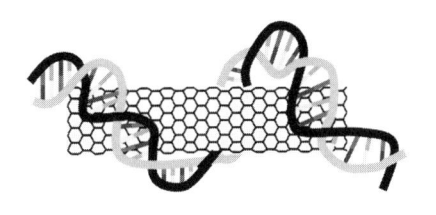

図 **3.14** DNA/SWNT 複合体の模式図．

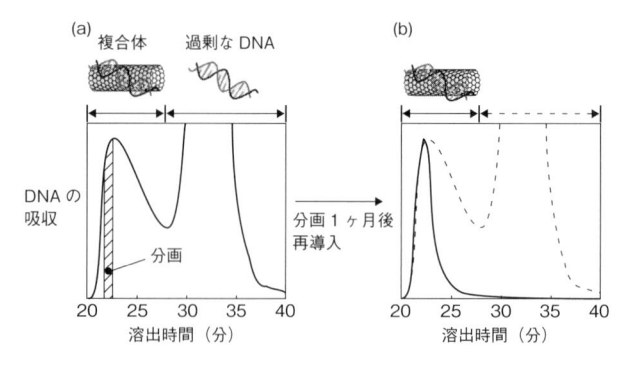

図 3.15 (a) DNA による SWNT 可溶化溶液のクロマトグラムと (b)DNA/SWNT 複合体のみを分画後再導入した際のクロマトグラム.

チングと PL の消光が生じる．pH を上げていくと，まず pH 6.8 では光吸収バンドが回復し，pH 7.0 では PL が回復する．Zheng らは (6, 5) SWNT を多く含む SWNT の DNA 可溶化水溶液を分離し，SWNT の電子移動特性，バンドギャップ特性，電荷移動特性などの電子物性を詳細に解析している．また，Dresselhaus らは，一本鎖 DNA で可溶化した CoMoCAT-SWNT 水溶液を用いて，SWNT の電子構造について SDS ミセル可溶化 SWNT と比較し，DNA 可溶化 SWNT の特長を明らかにしている．彼らはまた，SWNT/DNA 溶液に対して PL を測定し，SWNT のフォノン–励起子相互作用のメカニズムについて論じている．松田らは，サイズ排除カラム／HPLC で長さ分離した 90〜520 nm の DNA/SWNT を用いた PL 寿命測定において，長さが長くなるにつれ，PL 寿命が長くなるが，徐々に一定値に収束することを明らかにしている．

第4章

カーボンナノチューブの電子準位

4.1 はじめに

　CNT の発見以来，数多くの研究グループが解明に取り組んできた SWNT の電子準位は，ナノチューブの基本特性のなかでも最も重要な特性であり，ナノチューブ科学の基盤をなす．SWNT のバンドギャップ，フェルミ準位，仕事関数はカイラル指数に強く依存し，SWNT の基礎的な電子特性の理解に不可欠な物理量である．これまでに，走査型トンネル顕微鏡法，酸化還元滴定，ラマン分光電気化学測定などの手法によりカーボンナノチューブの電子特性に関する研究が報告されている[68-72]．例えば，Kavan らは，ラマン分光電気化学を用いてこの問題解決に精力的な研究を展開している[69,71]．また，Paolucci らは，アルカリ金属を用いてジメチルスルホキシド (DMSO) 中に可溶化した SWNT の近赤外吸収分光電気化学測定により SWNT の電子準位を見積もっている[68]．しかし，ラマンスペクトルや吸収スペクトルでは各カイラリティのスペクトルの重なりが大きいため（図 2.12），個々のカイラリティの電子準位は決定できていない．筆者らは，カイラリティごとに明確なスペクトルが得られる SWNT の PL（図 2.13）を用いて分光電気化学測定を行うことにより，各カイラリティの電子準位を実験的に決定できることを示した[73]．以下にその方法の概略を記載する．

4.2　電子準位決定法

　まず，SWNT を成膜性能が高い高分子系可溶化剤（ここではカルボキ

シメチルセルロースナトリウム塩：CMC-Na）で水溶液に孤立溶解させ，ITO 電極上でキャストフィルムを作製する．さらにポリカチオン水溶液を加え，孤立 SWNT を含む水に不溶な薄膜を電極上に作製する．この SWNT キャストフィルムの PL スペクトル図 **4.1** に示す．(6, 5), (8, 3), (7, 5), (8, 4), (10, 2), (7, 6), (9, 4), (10, 3), (8, 6), (9, 5), (12, 1), (11, 3), (8, 7), (10, 5), (9, 7) の計 15 種のカイラリティの PL が観測される．この修飾電極を用いて電解質水溶液中で PL 分光電気化学測定を行う．

実験操作を簡潔に記す．まず 0 mV の PL スペクトルを測定し，それから任意の電位に平衡に達するまで電位を保持させた後のスペクトルを測定する．各電位にステップする前に毎回 0 mV に電位を戻して PL の変化がないことを確認する．酸化側は 0 mV から +1,100 mV，還元側

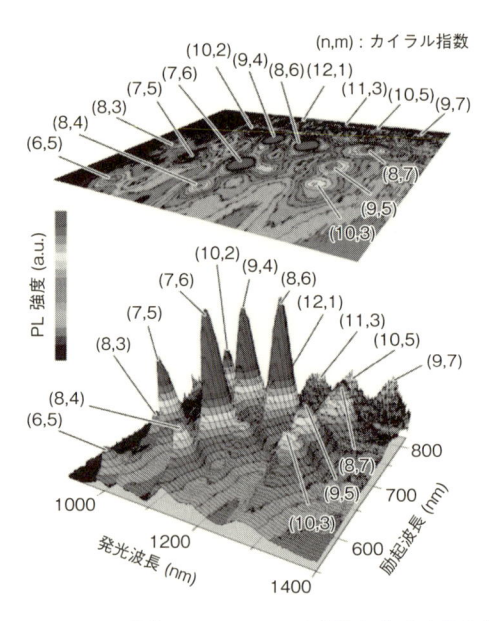

図 4.1 SWNT/CMC-Na 複合フィルムの PL 3 次元（下）および 2 次元（上）マッピング．

（口絵 **1** 参照）

は 0 mV から -1,000 mV の範囲で測定を行う．励起波長 650 nm および 802 nm における PL スペクトル変化を図 **4.2** に示す．電場印加に伴い明確に PL の減少が観測される．

次に PL 強度の電位依存性を解析する．電場印加前の PL 強度を 1 として規格化した 15 種のカイラリティの SWNT の PL 強度の電位依存性を図 **4.3** に示す．図 4.3 中の曲線はネルンスト式（式 4.1 および 4.2）によるフィッティングカーブである．

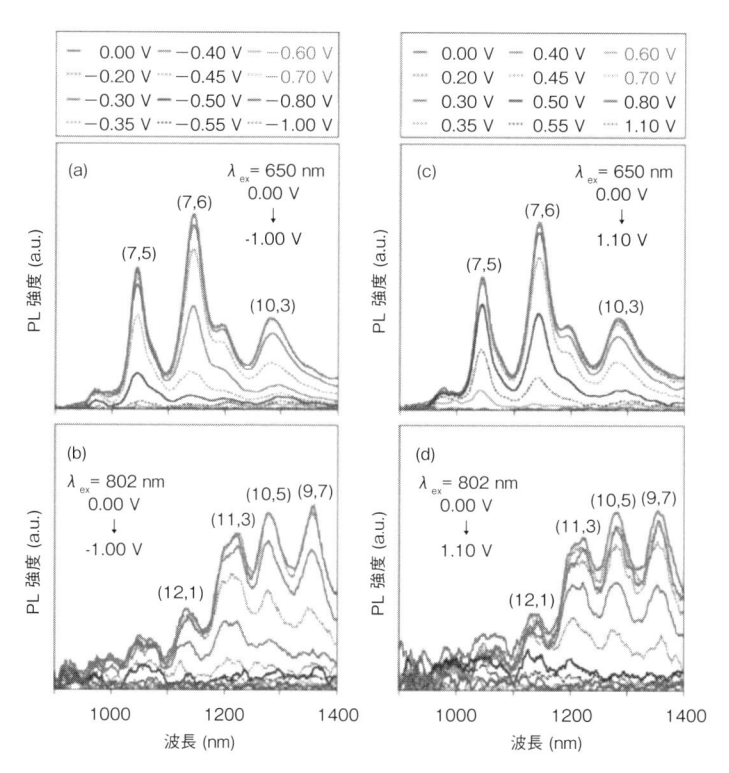

図 **4.2** 電極上の SWNT/CMC-Na 複合フィルムの PL スペクトルの電位依存性．(a)：励起波長 650 nm（還元過程），(b) 励起波長 802 nm（還元過程），(c) 励起波長 650 nm（酸化過程），(d) 励起波長 802 nm（酸化過程）．
（口絵 **3** 参照）

●─(6,5) ○─(8,3) ◆─(7,5) ◇─(8,4) ■─(10,2) □─(7,6) ▼─(9,4) ▽─(10,3)
●─(8,6) ○─(9,5) ◆─(12,1) ◇─(11,3) ■─(8,7) □─(10,5) ▲─(9,7)

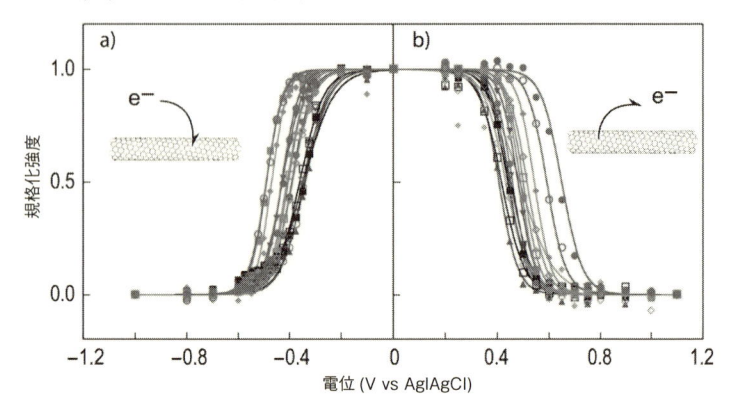

図 **4.3** 図 4.2 のデータを規格化した PL 強度の電位依存性.

$$\Delta PL_{\mathrm{red}} = \frac{1}{1 + \exp\left[\frac{nF}{RT}(E_{\mathrm{red}}^{0\prime} - E)\right]} \tag{4.1}$$

$$\Delta PL_{\mathrm{ox}} = \frac{1}{1 + \exp\left[\frac{nF}{RT}(E - E_{\mathrm{ox}}^{0\prime})\right]} \tag{4.2}$$

ここではニュートラルな SWNT を $SWNT_0$, SWNT の還元体, 酸化体をそれぞれ $SWNT_{n-}$, $SWNT_{n+}$ と表記し, 規格化した PL 強度がニュートラルな SWNT の割合, つまり ΔPL_{red}=$SWNT_0$/($SWNT_0$+$SWNT_{n-}$), PL_{ox} =$SWNT_0$/($SWNT_0$+$SWNT_{n+}$) を表すと仮定している. また, F はファラデー定数, R は気体定数, T は温度 (298 K), E は電極電位, E_{red}^0, E_{ox}^0 はそれぞれ還元電位, 酸化電位を表す. この数式によるフィッティングの相関係数は 0.983〜0.999 であり, PL 強度の電位依存性はネルンスト型応答を示すことが明らかである. これらのことから PL 強度の電位依存性の変曲点より 15 種の SWNT の還元電位 (E_{red}^0) が決定できる. 同様の測定で, 酸化電位 (E_{red}^0) が求まる. さらに酸化電位と還元電位の中間よりフェルミ準位が決定できる.

得られた電子準位を SWNT の直径に対してプロットしたデータが図 **4.4** (a) である. 酸化電位と還元電位には, SWNT の直径依存性がある

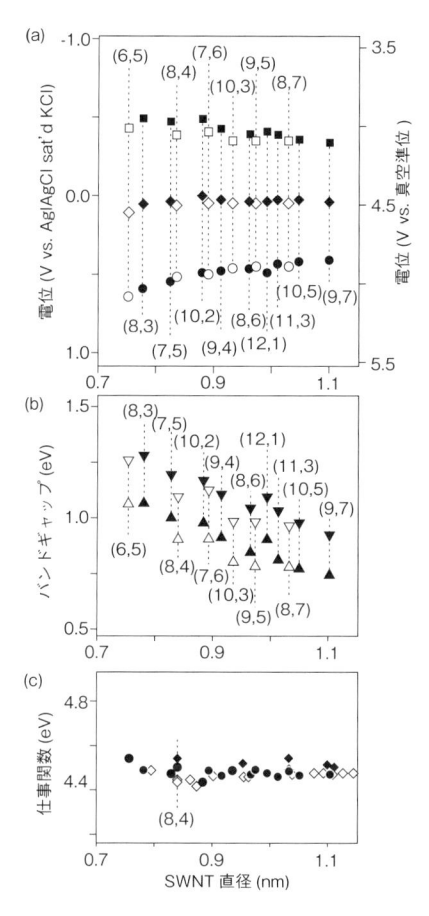

図 4.4 (a) 電子準位の SWNT 直径依存性（■□：還元電位, ●○：酸化電位, ◆◇：フェルミ準位）, (b) バンドギャップの SWNT 直径依存性（▲△：電気化学バンドギャップ, ▼▽：光学バンドギャップ）, (c) a から求めた仕事関数（●）, 局所密度近似で求めた仕事関数（◆）, および一般化された密度勾配近似で求めた仕事関数（◇）のプロット. 図 4.2 のデータを用いている.

が，フェルミ準位は示した SWNT について 0 V vs. Ag/AgCl 程度であり，SWNT の直径依存性は非常に小さい．図 4.4 (b) には PL の波長をエネルギーに換算した光学バンドギャップと，酸化電位と還元電位の差から求めた電気化学バンドギャップを SWNT 直径に対してプロットしている．興味深いことに，示している全ての SWNT について得られた電気化学的バンドギャップが光学バンドギャップより約 0.16〜0.21 eV 小さい．後述するように，これは，酸化または還元された SWNT の溶媒和による安定化に起因すると考えられる．図 4.4 (a), (b) において白抜きのプロットは，カイラリティのファミリーパターンプロットである．

求めたフェルミ準位と換算式 E (V vs. 真空) $= E$ (V vs. SHE)+4.24 (V) (SHE = 標準水素電極電位) から SWNT の仕事関数を算出したところ，第一原理計算による値とよく一致した（図 4.4 (c)）．表 4.1 には，真空基準に換算した SWNT の電子準位，バンドギャップの値をまとめた．

このように，SWNT の PL を用いた「その場分光電気化学測定」との解析により，各カイラリティの電子準位を実験的に正確に決定することができる．本手法は，PL が観測される SWNT であれば適応可能であ

表 4.1 実験的に決定した 15 種のカイラリティの電子準位とバンドギャップ．

カイラル指数 (n, m)	ナノチューブ直径 (nm)	酸化電位 (V vs. 真空)	還元電位 (V vs. 真空)	フェルミ準位 (V vs. 真空)	電気化学バンドギャップ (eV)
(6, 5)	0.757	5.08	4.01	4.55	1.07
(8, 3)	0.782	5.03	3.95	4.49	1.08
(7, 5)	0.829	4.98	3.97	4.48	1.01
(8, 4)	0.840	4.96	4.05	4.50	0.91
(10, 2)	0.884	4.93	3.95	4.44	0.98
(7, 6)	0.895	4.94	4.03	4.49	0.91
(9, 4)	0.916	4.92	4.01	4.47	0.91
(10, 3)	0.936	4.89	4.09	4.49	0.81
(8, 6)	0.966	4.90	4.05	4.47	0.85
(9, 5)	0.976	4.89	4.09	4.49	0.79
(12, 1)	0.995	4.93	4.03	4.48	0.90
(11, 3)	1.014	4.87	4.05	4.46	0.82
(8, 7)	1.032	4.88	4.09	4.49	0.79
(10, 5)	1.050	4.86	4.08	4.47	0.78
(9, 7)	1.103	4.85	4.10	4.47	0.75

り，CNT の基本特性の理解のために重要な実験手法となる．

さらに，筆者らは SWNT のバンドギャップが SWNT の周囲のミクロな誘電率に強く影響されることを見出した（図 4.5）[74]．ITO 電極上に作製した孤立分散した SWNT のフィルムを用い，その場 PL 分光電気化学測定を DMSO，アセトニトリル，DMF，THF，クロロホルム中で行い，各溶媒中での各カイラリティの酸化還元電位，バンドギャップ（E_{gelectr}）を求めた．溶媒の誘電率が下がるにつれ，各カイラリティの E_{gelectr} は大きくなった．これはほとんど溶媒依存性を示さなかった光学バンドギャップ（E_{gopt}）と全く異なる挙動であった．このような E_{gelectr} の強い溶媒依存性は，電気化学的プロセスによりチャージを持った SWNT に対する溶媒の溶媒和エネルギーの違いに起因すると考えられる．E_{gelectr} は SWNT 直径の逆数に比例しており，二つのタイプ（カイラル指数 (n, m)

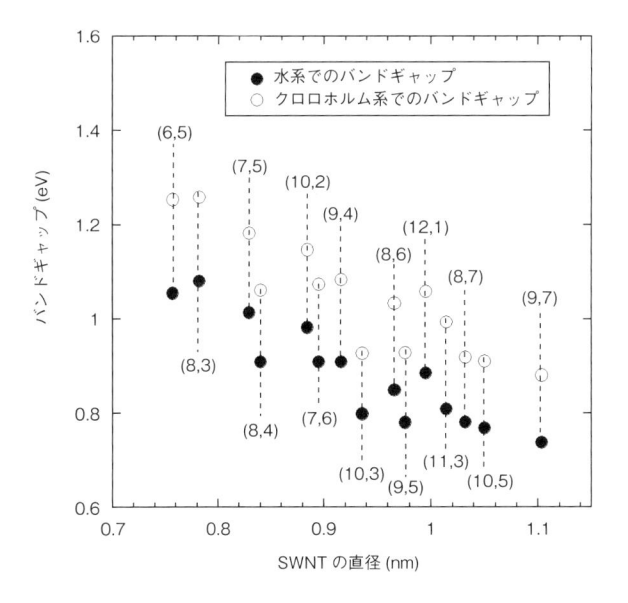

図 4.5 水系およびクロロホルム系でのバンドギャップ（誘電率が大きい水系では，クロロホルムに比べバンドギャップが小さいことがわかる）．

の $n-m$ を 3 で割ったときのあまりが 1 か 2 か (mod = 1 or 2 と表記する)) に分類される．この傾向は理論計算の知見とよく一致する．さらに $E_{g_{electr}}$ の SWNT 直径依存性から SWNT の π 電子の状態を評価した．SWNT のバンドギャップの直径依存性は $E_g = 2a_{c-c}\gamma_0/d$ と表される (E_g：バンドギャップ，a_{c-c}：炭素炭素間結合距離，γ_0：共鳴積分，d：SWNT 直径)．数式中の γ_0 は π 電子の安定性または非局在化の度合いを表すパラメータである．π 電子の状態を γ_0 を用いて評価したところ，溶媒の誘電率が 38～79 の範囲において溶媒の誘電率が下がるにつれ γ_0 の値が大きくなった．つまり溶媒の誘電率の低下とともに π 電子が安定化していることがわかった．この傾向は mod = 1，mod = 2 両タイプの SWNT で見られた．

ここで示した研究は孤立分散した SWNT の電子特性を理解するうえで重要である．本研究のその場 PL 分光電気化学測定法は非常にシンプルな測定法であり，蛍光が検出できる全ての SWNT の電子状態を正確に評価できる．得られた基礎的な実験結果は SWNT を用いたナノデバイスの設計，作製等の応用研究に対しても重要であり，CNT の基礎科学，物性解明を推進するものである．

第5章

SWNTの
カイラリティ分離

5.1 はじめに

SWNTはカイラル指数 (n, m) から決定される幾何構造により,金属性あるいは半導体性となる.$n - m = 3$ の倍数の場合は金属性SWNTに,$n - m = 3$ の倍数でない場合は半導体性SWNTとなる.合成法にもよるが,多くの複数のカイラル指数を持つSWNT混合物として合成され,金属性SWNTと半導体性SWNTの混合物として得られる(半導体的性質を示すSWNTが1:2の割合で存在).それぞれは金属系素材,半導体素材として既存物質を凌駕する極めて優れた物性を示すため,これらを用いたデバイス開発が期待されている.したがって,これらの混合物から何らかの方法で両者を分離する必要がある.

現在,SWNT成長条件(触媒金属,触媒金属粒子サイズ,炭素源等)を工夫することにより,金属性あるいは半導体性SWNTの割合が高いSWNTを合成する例が報告されている.例えば,米国SowthWest Nano Technologies社で製造されているCoMoCATには90%以上が半導体性SWNTのタイプもある.しかし分布が特定のカイラリティに偏っており,任意の太さにおいて半導体性,金属性SWNTが作り分けられる技術には至っていない.現時点では混合物から分離する方法がより進歩しており,ここではその現状について紹介する.半導体・金属SWNT分離研究と同時に,さらに単一カイラリティSWNT分離の研究も発展しつつある.これらの分離のためには,まずSWNTのバンドルをほどき,孤立溶解させることからスタートしなければならない.第3章で述べた

可溶化の発展がいかに重要であるか理解できよう．可溶化技術の発展により可能になった分離研究の進展を以下に紹介する．さらに上位の概念として単一カイラリティ中の左巻き・右巻き SWNT 分離（エナンチオマー分離）についても紹介する．

5.2 半導体性・金属性 SWNT の分離・濃縮

5.2.1 化学反応を利用した分離法

金属性 SWNT と半導体性 SWNT を比較すると，金属性 SWNT に存在する自由電子により化学反応性が異なり，金属性 SWNT に優先的に起こる反応が存在する．例えばジクロロカルベン誘導体，ニトロニウムなど様々な付加試薬は金属性 SWNT に優先的に反応することが知られている[75]．臭素と SWNT との電荷移動錯体形成は金属性 SWNT で優先的に進行し，わずかに重くなった金属性 SWNT と未反応の半導体性 SWNT の密度差から遠心操作による分離が可能となる．ベンゼンジアゾニウム塩も金属性 SWNT に優先的に付加反応が起こることから，有機溶媒への分散を担うアルキル鎖を持つベンゼンジアゾニウム塩と SWNT を注意深く反応させるとアルキル鎖で修飾された金属性 SWNT が優先的に得られ，有機溶媒への抽出で分離することができる[76]．同様に，アルキルアミンが金属性 SWNT へ優先的に付加することを利用して金属性 SWNT を抽出した例も報告されている．このように金属性 SWNT への優先的反応の例が多く報告されている中で，半導体性 SWNT への優先的反応およびその反応に基づく分離法も提案されている．その一例として，過酸化水素による酸化溶解は半導体性 SWNT へ優先的に進行し，金属性 SWNT が濃縮される．他にも SO_3 ガス，アゾメチンイリドに半導体性 SWNT への優先的反応が報告されている．

これまでに報告されているこれらの反応の速度差は小さく，極めて条件を最適化しても，もう一方の SWNT への反応が起こらなくなるわけではない．したがって，「分離」というより「濃縮」と言った方が正しい．

5.2.2 ブレークダウン法

早い段階において開発された方法にブレークダウン法と呼ばれる分離

法がある．これは，電極間にSWNTを配置し過電流を流すことで金属性SWNTを選択的に「焼き切る」方法である．これにより半導体性SWNTからなるSWNT電界効果トランジスタを作製することができる．SWNT 1本を使う電界効果型トランジスタのような基礎研究においては有効な手段ではあるが，実用的には効率的とはいえない．

5.2.3 クロマトグラフィー法

2003年にDNAによるSWNT可溶化が発見された際，ポリアニオンであるDNAで可溶化されたSWNTはアニオン交換クロマトグラフィーによる分画において，小さい径の金属性SWNTと太い径の半導体性SWNTの分離ができることも同時に見出された[66]．また泳動法も分離に有効である．ドイツのKrupkeらはSDSによる可溶化溶液において誘電泳動による金属性，半導体性SWNTの分離を達成している[77]．分離の駆動力は溶媒に対するそれぞれの比誘電率の差によるものとされ，金属性のSWNTのみが電極に引き寄せられることを発見し，これにより金属性SWNTを回収できる．

産業技術総合研究所の片浦らは，アガロースゲル電気泳動（これはDNAの分離に利用されている方法である）で，金属性SWNTと半導体性SWNTの分離が可能であることを示した[78]．この方法では金属性SWNTのみが泳動するために分離が達成される．後にこの方法は改良され，電場印加なしでアガロースゲルを'絞る'だけでも金属性SWNT溶液が得られることが明らかにされた．SDSで溶解した半導体性SWNTはアガロースゲルとの相互作用が強いことが分離のメカニズムとされている．非常に不思議ではあるが，SDBSやSDCなどの界面活性剤可溶化剤ではこの差は得られない．彼らはさらにこの方法を発展させ，アガロースゲルを用いたカラムクロマトグラフィーによる半導体・金属性SWNTの分離を開発した（**図5.1**）[79,80]．この方法ではSDS分散SWNT溶液をカラムに展開させることで金属性SWNT（純度〜90%）が得られるだけでなく，ゲル中に閉じ込められた半導体性SWNTを特異的相互作用をもたらさないSDC溶液で溶出させ，半導体性SWNT溶液（純度〜95%）も得られることが特長である．このカラム分離法は操作が簡便で

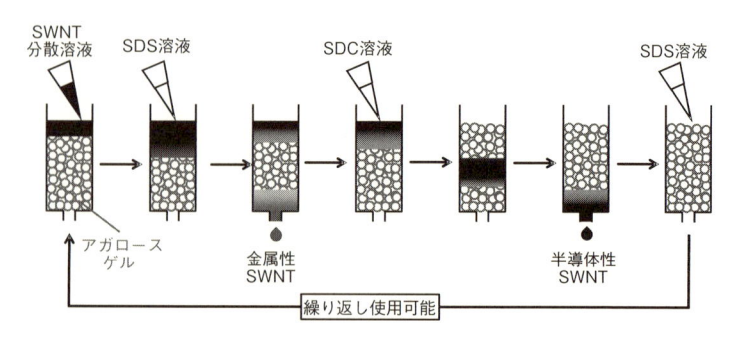

図 5.1 クロマトグラフィー法による分離操作スキーム.

あり,かつカラムの繰り返し利用も可能で,大量分離への道を拓いた.

5.2.4 密度勾配超遠心分離 (DGU) 法

密度勾配超遠心分離法(DGU 法)は,タンパク質分離法として古くから知られた手法である.iodixanol やスクロースなど分子量の大きい物質を含む溶液を長時間,超遠心機に施すと沈降とブラウン運動が釣り合う沈降平衡が生じ,密度が液面から底に向かって連続的に変化する.DGU 法は密度勾配によって試料の沈降速度の差を拡大させ,あるいは遠心力と浮力とが釣り合う密度が同じ場所に粒子にバンドを作ることによって,分離を行う方法である(図 5.2).

2006 年,米国ノースウェスタン大学の Hersam らはこれをナノチューブの分離に導入した[81].DGU 法で,ステロイド系界面活性剤とアルキル鎖系界面活性剤の混合ミセル溶液で孤立溶解させた SWNT 水溶液から,金属性 SWNT と半導体性 SWNT の分離が可能である.これはアルキル鎖系界面活性剤が金属性 SWNT,半導体性 SWNT の側面への吸着力が違うために,SWNT 表面上の各界面活性剤の比が変化し,密度が変化するためと考えられる.純度は高く 99%に達する.現在ではこの方法で分離されたそれぞれの SWNT が市販されている.その他,DGU 法は DWNT と SWNT との分離や,DWNT の外層の金属性・半導体性に基づく分離も可能である.現在,DGU 法は,その高い分離能から多く

5.2 半導体性・金属性 SWNT の分離・濃縮

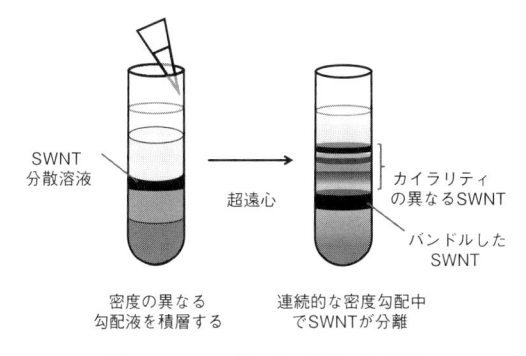

図 5.2 DGU 法による分離の概念図.

の研究者に注目され利用されているが，不純物として密度勾配用試薬である iodixanol（コストも高い）を含み，精製が必要という短所がある．

5.2.5 選択的可溶化法

選択的可溶化剤を用いた分離も注目されている．これは，SWNT 可溶化剤の「分子認識」を利用するものである．例えばアミノ基が金属性 SWNT と優先的に相互作用することはよく知られている．一方でフェニル基が半導体性 SWNT との相互作用に有効であることが報告され，両者を利用したアミノ基修飾基板とフェニル基修飾基板による半導体性 SWNT と金属性 SWNT の濃縮が達成されている[82]．最近，同様の原理でアミノ基修飾したポリジメチルシロキサン (PDMS) 薄膜とフェニル基修飾 PDMS 薄膜で，それぞれ金属性 SWNT と半導体性 SWNT を SWNT 成長基板から選択的に剥し取る，というユニークな手法が報告されている[83]．

SWNT の利用時に必要不可欠な「可溶化」と同時に「金属性，半導体性の SWNT の分離」まで実現できると一石二鳥である．このような発想から選択性を示す可溶化剤の探索が多く行われてきた．これまでポルフィリンやポリフェニレンビニレンなどの芳香族系の分子を中心とした濃縮の報告はあるが，どれも選択性や純度といった観点において必ずしも満足のいくものではなかった．

その中で，2007 年に選択的可溶化能を持つ高分子が二つのグループからほぼ同時に報告された [84, 85]．どちらもポリフルオレン (polyfluorene: PFO) や PFO 交互共重合ポリマー（図 5.3）が半導体性 SWNT のみを可溶化するという報告であった．これらの報告は，これまで報告がなかった半導体性 SWNT の高選択的可溶化であったために，非常にセンセーショナルであった．そればかりか，PFO のアルキル鎖長および交互共重合相手の構造により，可溶化する半導体性 SWNT のカイラリティ分布も変化するという極めて興味深い挙動を示した．選択性発現メカニズム，すなわちなぜ半導体 SWNT のみを認識，溶解するのかという謎が多い点がさらに研究者の好奇心を集め，次々と選択性を示す新たな PFO 交互共重合体が報告された（図 5.4）．

筆者らは PFO ランダム共重合体（図 5.5）においても選択性を確認し，共重合比によってもカイラリティ分布が変化することを見出した [86]．PFO による選択的可溶化には強い溶媒依存性があり，芳香族溶媒であるトルエン，キシレンおよびそれらの類縁体を溶媒として用いたときは選択性が見られるが，その他の溶媒（クロロホルム，THF，アセトン，DMF，DMSO，アルコール，水など）では選択性が発現しない．超分子化学的な分子認識という観点からも非常に興味を魅かれる系である．ただし，収率は極めて低く，大量分取には不向きである．それでも純度の高さは

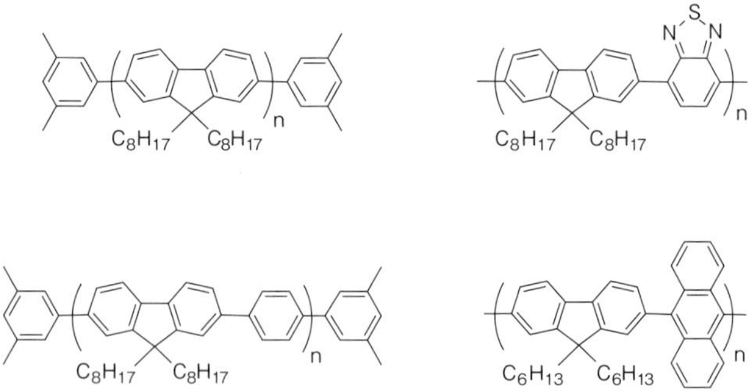

図 5.3 最初に半導体性 SWNT の選択的可溶化が報告された PFO と PFO 交互共重合体．

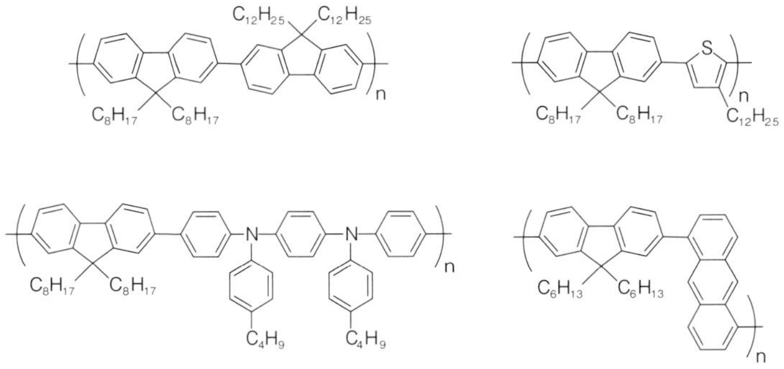

図 5.4 その後報告された半導体性 SWNT 選択的可溶化能を有する PFO 交互共重合体.

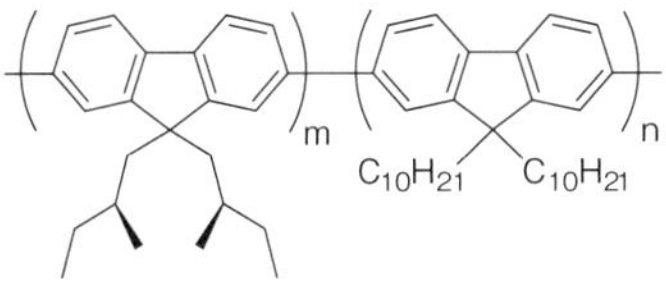

図 5.5 半導体性 SWNT 選択的可溶化能を有する PFO ランダム共重合体.

魅力的で，金属性 SWNT の混入のために阻まれていた SWNT の半導体デバイス開発への道を開いたと言える．例えば，半導体性 SWNT は高いオン/オフ比と移動度を持つ電界効果型トランジスタ (FET) 作製への有望な材料であることが知られているが，未分離 SWNT で作製した FET では金属性 SWNT の存在によりオン/オフ比 $10^2 \sim 10^3$ 程度のものしか得られていなかった．しかし，PFO で分離された半導体性 SWNT はオン/オフ比 $> 10^5$ と非常に大きいものであった[87]．

さらに PFO 共重合体の分子設計自由度の高さを利用することで PFO/半導体性 SWNT 複合体に幅広い修飾を施すこともできる．筆者らは，金属ナノ粒子を担持可能なチオール基やポルフィリン基を持つ PFO 共重合体を合成し（図 5.6），金属ナノ粒子 (AuNP) を SWNT の長さ方向に沿って配列できることを示した（図 5.7）．これらを用いて作製した FET は，オン/オフ比が $\sim 10^5$ で，デバイスの移動特性は，金属ナノ粒

図 5.6 半導体性 SWNT 選択的可溶化能を有する PFO ランダム共重合体.

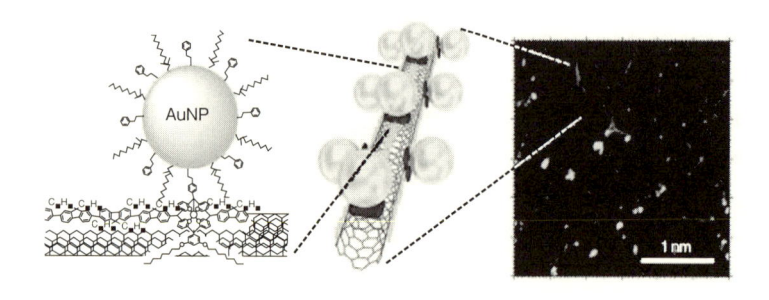

図 5.7 ポルフィリンの配位能を利用した金属ナノ粒子担持 SWNT の AFM 像.
(口絵 4 参照)

子の有無で変化することを報告している.最近,ウィスコンシン大学の Arnold らは PFO/半導体性 SWNT を太陽電池に組み込むことで近赤外光からのエネルギー取り出しに成功している[88].これにより従来の色素では捕集できなかった近赤外領域の太陽光エネルギーを捕集できることになり,応用は FET にとどまらない.今後の展開に期待できよう.

5.3 固有のカイラル指数 (n, m) を持つ SWNT の分離

DGU 法やゲルクロマトグラフィー法による金属性・半導体性 SWNT の分離は SWNT 分離技術に飛躍的進歩をもたらした.次なる課題は,固有のカイラル指数 (n, m) を持つ SWNT の分離(以下,カイラリティ分離と呼ぶ)である.図 2.3 で示したように SWNT の直径の差や構造的

な差異は極めてわずかであり,SWNT発見当時に存在した既存分離精製技術にはこれらを分別できそうな技術はないと思われていた.それではこれらの分離精製にはどのような戦略で臨んできたか,以下に解説する.

5.3.1 クロマトグラフィー法

5.2.3節で述べたDNA可溶化SWNTのクロマトグラフィー分離を発展させた方法によりカイラリティ分離が達成されている.Zhengらは,表5.1に示したように,配列の異なるオリゴDNAを精密設計,合成し,イオン交換とサイズ排除の二つのカラムクロマトグラフィーを併用することによって,12種の半導体SWNTおよび2種の金属性SWNTの単一カイラリティ(n, m)SWNTの分離に成功している[89,90].特に(6,6),(7,7)SWNTはこれまでに単一カイラリティ分離がなされていなかった金属性のSWNTであり,これらの分光特性を明らかにするための貴重な素材を提供した[90].また,片浦らは,5.2.3節で述べたアガロースゲルによる半導体・金属性SWNTの分離をさらに発展させ,デキストラン系ゲルを充填したカラムを多段階にし,さらに導入する量を調整することでカイラリティ分離を達成した.いずれのクロマトグラフィー法もすでに確立された「ローテク」であるが,CNTのわずか数オングスト

表 5.1 SWNTのカイラリティ分離に用いるオリゴDNAの配列.

カイラル指数	DNA配列
(9,1)	$(TCC)_{10}$
(8,3)	$(TTA)_3TTGTT$
(6,5)	$(TAT)_4$
(7,5)	$(ATT)_4AT$
(10,2)	$(TATT)_2TAT$
(8,4)	$(ATTT)_3$
(9,4)	$(GTC)_2GT$
(7,6)	$(GTT)_3G$
(8,6)	$(GT)_6$
(9,5)	$(TGTT)_2TGT$
(10,5)	$(TTTA)_3T$
(8,7)	$(CCG)_2CC$
(6,6)	$(ATTA)_3AT$
(7,7)	$(TTA)_2C(TAT)_2T$

ロームの直径の差と，これに起因する構造の違いを認識分離する能力があるなど誰が予想しただろうか．

5.3.2　密度勾配超遠心分離 (DGU) 法

一方で，DGU 法は開発当初から高いカイラリティ分離能が明らかになっていた．例えば iodixanol を密度勾配培地として用い，コール酸ナトリウムで可溶化した SWNT の密度勾配遠心を 3 回繰り返すことで，97%が直径誤差 0.2 nm 以内の (6, 5), (8, 3) および (9, 1)SWNT を含む溶液を得ることができる．

DGU 法の分離の原理は，界面活性剤等で可溶化した SWNT の密度の差を利用することであり，SWNT 直径の差が小さいもの，例えば (6, 5)SWNT（直径 0.76 nm）と (8, 3)SWNT（直径 0.78 nm）の密度はほぼ等しく，これらの分離は困難である．筆者らは，SWNT のレドックス機能に着目した．(n, m)SWNT は固有の電子状態を持っており，それぞれ酸化還元電位が異なる[91]．一方，塩化金酸は SWNT と反応すると表面に金として還元析出することが知られている．塩化金酸と SWNT を反応させると，(6, 5)SWNT 以外の SWNT は，塩化金酸を還元することができ，金ナノ粒子が SWNT 表面に形成される．ところが，(6, 5)SWNT ではこのような還元反応が進行しない（図 **5.8**）．結果として，(6, 5) SWNT とそれ以外の金ナノ粒子吸着 SWNT に「重さ」の差が生じる．この結果，これらの溶液に DGU を行うことで高純度で (6, 5)SWNT を分離できる．

ライス大学の Weisman らは DGU 法を発展させ，非平衡非線形の密度勾配を作り，これを用いて従来の DGU よりさらに高純度な (n, m) カイラリティ分離を可能にした[92]．Weisman らの報告は，遠心操作後に (n, m)SWNT それぞれの等密度点ができる限り離れるような非線形の勾配を用いて，多くの (n, m)SWNT を 1 回の操作により分離する方法である．この方法で彼らは，10 種類のカイラリティの SWNT を高純度分離した．

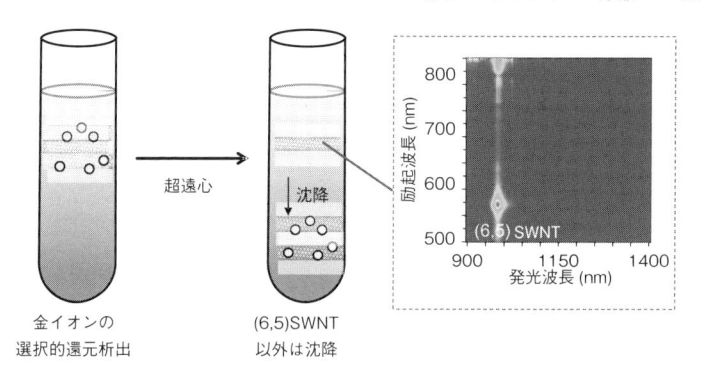

図 5.8 SWNT の酸化還元電位の差を利用した選択的金析出と DGU による未反応 SWNT との分離．

5.3.3 高分子による選択的可溶化法

いくつかの可溶化剤では特定のカイラリティを優先的に可溶化することが知られている．5.2.5 節で触れた半導体性 SWNT 選択的可溶化能を示す PFO 可溶化においても，いくつかの系で一つのカイラリティを持つ SWNT の濃縮が達成されている．例えば図 5.3 に示した PFO は (8,6)SWNT を，PFO-BT は (10,5) を高純度で濃縮する (ただし SWNT として HiPco を用いたとき)．これまで，戦略的分子設計により任意のカイラリティを単離するといった領域には達していないが，そのような挑戦的課題の解決は極めてインパクトが強いと考えられる．筆者らは図 5.4 で示したランダム共重合体において嵩高い置換基を持つ PFO 基が増加するにつれて，可溶化できる SWNT のカイラル角が小さくなる傾向に気づいた[86]．この結果はモノマー構造やその共重合比と可溶化される SWNT カイラリティとの相関をさらに精密化することで，任意のカイラリティを選択的に抽出する PFO が合成できる可能性を予感させてくれる．

5.4 エナンチオマー分離

キラル型に分類される SWNT（第 2 章参照）には互いにエナンチオマーの関係をなす右巻き SWNT と左巻き SWNT が存在する．両者の間

で電子物性の差は見出されていないが，これらを分離することは，純粋に科学的見地から興味が持たれる．この目的においても上述した各種分離法が駆使されている．いち早くエナンチオマー分離を達成したのは，選択的可溶化法であった．小松らはポルフィリンピンセットと呼ばれる二つのポルフィリンのなす角度の固定されたポルフィリン2量体（図 **5.9**）による SWNT 可溶化において，ポルフィリン側鎖にキラルユニットを導入することでエナンチオマー分離を達成した．この結果は，ポルフィリンの π スタッキングだけでなく，側鎖も SWNT 表面を認識していることを端的に示す点でも興味深い．また，Weisman の非線形 DGU 法では，不斉を持つコール酸誘導体で可溶化された右巻き SWNT と左巻き SWNT が異なる密度を示すため，異なるバンドとして分離することができる．この方法では7種類のキラル型 SWNT の光学分割に成功している [92]．

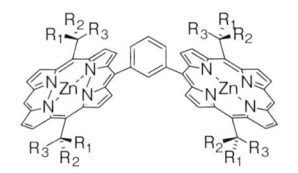

(R) : R_1=CH_2Ph, R_2=H, R3=$NHCO_2t$-Bu
(S) : R_1=H, R_2=CH_2Ph, R3=$NHCO_2t$-Bu

図 **5.9** ポルフィリンピンセットの構造式．

第6章

カーボンナノチューブ機能化
(複合材料創製)

この章においては，CNT 単体あるいは CNT と他の材料との複合体を用いた応用例についてまとめる．最初に CNT と他の材料との複合体の例として，有機分子との複合体およびナノ粒子との複合体について紹介する．

6.1 機能化に向けた複合化

6.1.1 有機分子との複合化

可溶化剤で分散された CNT は，見方を変えれば可溶化剤と CNT との複合体とみなすこともできる．特に可溶化剤に何らかの機能性が備わっている場合，CNT の機能と組み合わせることでより高機能な複合体を作ることができる．例えば，ポリエチレングリコール (PEG) 鎖が導入された分子で可溶化した CNT は，PEG 鎖の高い生体適合性とナノサイズの色素である CNT との組み合わせにより体内への薬剤送達材料やプローブ分子として機能するであろう．代表的な機能性可溶化剤としては DNA を挙げることができよう．ナノ材料として注目の高い DNA と CNT が強い相互作用により複合化するという事実はいかにも興味深い．核酸デリバリーや DNA センシングなど長い研究の歴史を持つ DNA に CNT の特徴 (形状，サイズ，分光特性，電気特性) を付与できる CNT/DNA 複合体の研究は特に広い展開を見せている．一例としては DNA の B 構造から Z 構造へのコンフォメーション転位を SWNT の近赤外領域の蛍光シフトとして捉えた例[93]，また，DNA ハイブリダイゼーションを同様な蛍光シフトによりナノモル (nM) レベル検出に成功した例などが挙

げられる[94]．また，SWNT/DNA 複合体上の DNA ハイブリゼーションは電気化学的検出手法を用いることでアットモル（aM）レベルの超高感度検出が可能である．

CNT と DNA 複合体は，「新素材」としての観点からも興味深い．フランスの Poulin らは，DNA/SWNT 複合体の水溶液を紡糸することにより，ナノファイバーを作れることを示した[95]．これを延伸すると，従来の界面活性剤可溶化 SWNT から作ったナノファイバーより機械的強度が強い導電性ナノファイバーを形成できる．CNT は，DNA だけでなく RNA とも相互作用し可溶化溶液を与える．筆者らは，SWNT を水中に溶解させることができる 3 種の RNA，すなわち poly(G)，poly(C) および poly(A) を用い，これらの水溶液に基板を交互に浸漬するという簡単な方法で CNT ナノシート（超薄膜）を作成した[96]．このナノシート形成は，poly(G) 可溶化 CNT 水溶液と poly(C) 可溶化 CNT 水溶液の組み合わせでは可能だが，poly(A) 可溶化 CNT 水溶液と poly(C) 可溶化 CNT 水溶液の交互浸漬では起こらない．すなわち，交互積層膜作製においても相補的な塩基対形成が重要であることを示している．これらのナノファイバーやナノシートはバイオテクノロジー分野での新素材として興味深い．機能性可溶化剤としてはポルフィリンも極めて有用であろう．ポルフィリンは優れた光機能性を有するので，ポルフィリン/CNT 複合体は光電変換の有用な素材である．

6.1.2 高分子との複合化

高分子と CNT との複合化ではファイバー，フィルムや塗布膜など固体状態での応用展開が主に進められている．ここで CNT はフィラーとみなすことができるが，他の無機・金属フィラーと異なり，共有結合的に複合化させる手法が多く存在するのが CNT の特徴であろう（図 **6.1**）．共有結合的複合化法としてはあらかじめ合成した高分子を CNT にグラフトさせる「グラフト導入（grafting 'to'）法」と CNT から高分子鎖を成長させる「グラフト成長（grafting 'from'）法」などが試みられている．

「グラフト導入（grafting 'to'）法」には CNT への直接付加であるラジカル付加[97,98]や環化付加[99]を利用したもの（図 **6.2**），また，酸化

6.1 機能化に向けた複合化　57

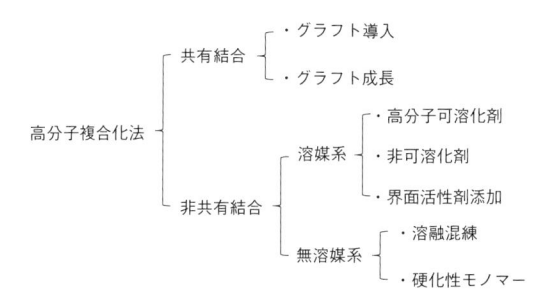

```
                          ┌ 共有結合 ─┬・グラフト導入
                          │          └・グラフト成長
                          │
高分子複合化法 ─┤                    ┌・高分子可溶化剤
                          │          ┌ 溶媒系 ─┼・非可溶化剤
                          └ 非共有結合┤         └・界面活性剤添加
                                     │
                                     └ 無溶媒系 ┬・溶融混練
                                                └・硬化性モノマー
```

図 **6.1**　高分子複合化法の分類.

ニトロキシド

Adv. Mater 2004, 16, 2123
Polymer 2004, 45, 6097

Macromolecules 2005, 38, 1172

アジド

Macromolecules 2004, 37, 752

求核付加

図 **6.2**　付加反応によるグラフト導入法.

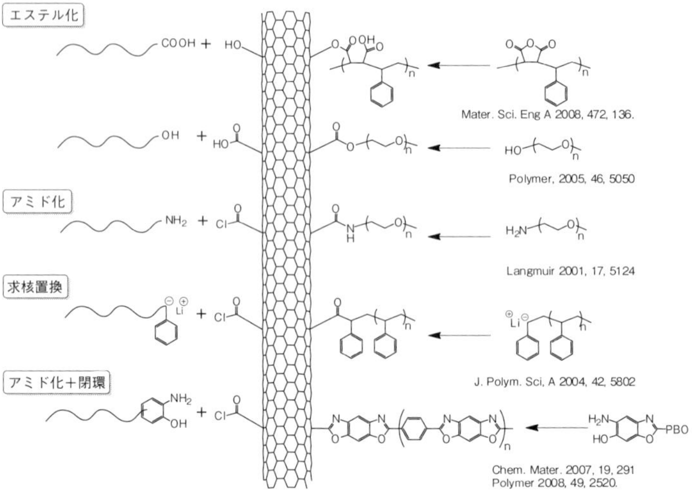

図 6.3 カップリング反応によるグラフト導入法.

処理 CNT に導入された OH 基や COOH 基へのカップリングを利用したものがある（図 **6.3**）．カップリングはポリマー鎖末端官能基のみならず側鎖に官能基がある場合でも可能である．CNT は精製操作により OH 基や COOH 基が（特に CNT 末端に）導入されている場合が多いと考えられ，複合化の過程（加熱，重合など）によりポリマー中の官能基とカップリングしている場合が潜在的に（報告されている以外にも）多いと推測される．高分子/CNT 界面の相互作用は複合化物そのものの機械的物性に大きな影響があるため，複合化に用いる CNT の酸化度，マトリックス高分子との結合形成の評価は極めて重要である．

「グラフト成長（grafting 'from'）法」は CNT 表面に重合開始点を導入し，そこから重合を開始させる手法である（図 **6.4**）．最も報告例が多いのはリビングラジカル重合の一種である Atom Transfer Radical Polymerization (ATRP) 法や Reversible Addition Fragmentation Chain Transfer (RAFT) 法である．ATRP 法ではスチレンの他，メタクリレート誘導体，N-イソプロピルアクリルアミド，およびそれらのブ

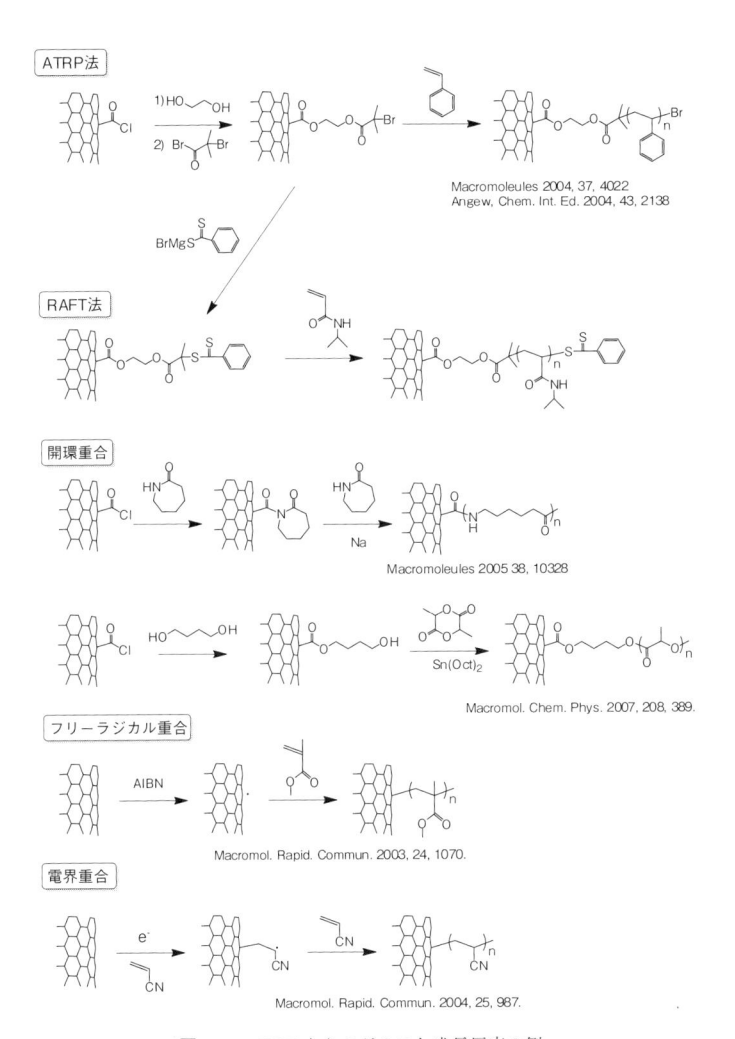

図 **6.4** CNT からのグラフト成長反応の例.

ロック共重合体などの重合が報告されている [100-102]．また，RAFT 法ではスチレン [103]，アクリルアミド [104]，N-イソプロピルアクリルアミド [105] などが報告されている．これらの修飾法はこれまで種々の基板表面で確立されていた反応重合開始剤導入法をそのまま CNT 表面に適用できた点で，発展もスムーズであった．また，開環重合では脂肪族ポリエステル [106] や脂肪族ポリアミドが導入されている．対象とするモノマーに適応可能な開始点をデザインして導入することになる．フリーラジカル重合では AIBN により CNT 上にラジカルが導入され，そこを反応開始点として重合が進行する可能性が早くから指摘されている [107,108]．一方で，系中の成長末端ラジカルと付加反応も起こすことから，grafting 'to' も系中では同時に起こっている．したがって，CNT 存在下でフリーラジカル重合を行った場合，CNT 表面と共有結合を形成する可能性が非常に高いであろう．また，CNT の高い電気伝導性を生かして，電界重合の反応場として利用することが可能である．ATRP 法や RAFT 法の場合は開始点の導入効率により重合の数が決定されてしまう制限があるが，電界重合の場合，理論上は表面全体が反応点となりうることから均一な被覆化などに有利であると予想できる．アクリロニトリル [109] の他，ポリアニリン [110] の表面電界重合などが報告されている．その他の例については優れた総説 [35,111-113] にまとめられているのでそれらを参照していただきたい．

また，共有結合を介さない複合化法は溶媒の有無で分類することができる．溶媒を用いた場合は超音波処理などが可能で，分散度を高くできる可能性がある点が優位な点であろう．ただし，溶媒蒸発の過程で CNT が再凝集する場合もあることから，再凝集抑制に注意を払わなければならない．溶媒を用いる系における複合体調製法戦略としては主に三つ挙げられる．

一つ目は，CNT を可溶化する能力がある高分子（すなわち高分子系可溶化剤）で孤立化度の高い CNT 分散溶液を調製し，複合体を作製する方法である．この方法では得られる複合体中における孤立化度は高くなるが，凝集体を積極的に除去するためにロスする CNT が多くなる点と，高分子に可溶化能が必要となる点で高分子選択に制限があるのが欠

点であろう．光学材料（近赤外偏光材料，過飽和吸収材料）などでは凝集が光散乱を起こし，透過性減少の原因となることから，この手法で作製した複合フィルムが適しているであろう．

二つ目は，CNT 可溶化能を持たない高分子を用い，バンドルの混入はある程度許容する方法である．この手法ではバンドルの混入を許容することで複合体中の CNT 含量を増やせる点と，使用できる高分子の範囲が広がる点で有利である反面，混合法を工夫しなるべくバンドルを解く努力が必要となってくる．この場合，比較的分散が容易な酸化処理 CNT が用いられることが多い．

三つ目は，界面活性剤等の可溶化剤の補助を得て調製した CNT 分散溶液に高分子を混合し複合化させる方法である．この方法では孤立化度を高め，なおかつ比較的多くの含有量で CNT を複合化できる反面，分散剤という第 3 の添加物の混入による影響を考慮する必要がある．

一方，無溶媒系における複合体調製法では高分子と溶融混練するか，液体モノマーと混合した後に重合する手法が考えられる．これらの系の特徴としては，プロセス中の粘度が極めて高いために，高度な CNT 分散は困難であるが，溶媒除去の必要がないことと高い粘度で運動が抑制されている効果で一旦到達した分散度は安定に保てることから，再凝集の抑制には有利であろう．ここでは理解のために様々な複合化手法に分類してまとめたが，CNT 表面が酸化されている可能性を常に念頭において，結合形成の有無や結合生成の割合などを確認する作業は必須である．CNT の複合体中での分散度や高分子と CNT との界面における相互作用の強弱は複合体の性質を支配するため，特性最適化の際は留意すべきである．

これまで膨大な高分子複合体の研究が行われているが，その中で単なる二者の長所の足し算ではなく，複合化することで誘起される高分子の特性も報告されている．その一つとして CNT による高分子の結晶化の誘起を紹介しよう．これまでに多くの複合体系において CNT を添加することで高分子の結晶化が誘起されたという報告がなされており[114-117]，これらは芳香環の高い秩序構造を持つ CNT 表面と高分子との界面での相互作用の結果として生じると考えられる．Vaia らは形状記憶高分子/MWNT

複合材料において光照射による光熱変換で結晶セグメントを融解させ，高分子に「仕事」をさせることに成功している[118]．この現象中において興味深いことに CNT を核とする高分子結晶化作用により，形状記憶能が向上していることが見出されている．

6.1.3 ナノ粒子との複合化

CNT はその大きな比表面積と高い電気伝導性，ファイバー状構造とそれらが作るメッシュ構造ゆえに，反応に伴う電子の授受を行う場，すなわち電極材料として最適な構造を有している．したがって，反応サイトとして何らかの触媒作用のあるナノ粒子と組み合わせた CNT/ナノ粒子複合体は，CNT の有効な利用法の一つと言えよう．触媒作用のある物質としては金属ナノ粒子や半導体ナノ粒子等がある[119]．これらのナノ粒子と CNT との間での高効率な電子の授受は，デバイス効率向上へのポイントとなるため，両者を空間的に確実に近接させる必要がある．したがって，CNT とナノ粒子の単純な混合ではなく，ナノ粒子を CNT に直接担持する様々な手法が提案されている．

ベンゼン環からなる CNT はナノ粒子の足場となるサイトがなく，効率のよい直接担持が困難である．そこで酸処理などにより CNT 表面にカルボキシル基などの極性基を導入し，そこを足場としてナノ粒子を担持する方法が一般的である．一方で，CNT 表面にダメージを与えない担持法として，CNT 表面に吸着した分子（リンカー分子）を足場として担持する方法も数多く報告されている．リンカーとなる分子としては低分子系の界面活性剤[120, 121]や芳香族系化合物[122-125]，あるいは DNA[126-131]やポリアニリン等の高分子系が報告されている．芳香族系化合物の中でも，特にピレン誘導体は CNT との強い相互作用から粒子担持へのリンカー分子としての報告が多い．これら 2 種類の足場形成方法それぞれに対し，主に 2 種類のナノ粒子担持法が報告されている．一方はあらかじめ調製したナノ粒子を担持する方法（*ex situ* 法）と，もう一方は CNT 存在下で粒子を直接 CNT 上に成長させる方法（*in situ* 法）である．CdSe 等の半導体ナノ粒子や TiO_2，ZnO 等の金属酸化物ナノ粒子は *ex situ* 法で，Au，Pt，Pd 等の金属ナノ粒子は *in situ* 法で担持されることが

多い.

以降の節では,上述した複合体またはCNTそのものが実際にどのようなアプリケーションに展開されようとしているかについて紹介する.

6.2 バイオアプリケーション

これまで,高分子ミセル,金属ナノ粒子や量子ドットなどのナノ物質がバイオテクノロジーの分野に応用され,薬剤送達システム(ドラッグデリバリーシステム:DDS)や生体プローブとして研究されてきた.最近では炭素のみからなるユニークなナノマテリアルであるCNTもバイオテクノロジー素材として期待されている.特にSWNTは生体を構成する水や血液が吸収を持たない近赤外領域において強い吸収を持つ稀有な特徴ゆえ非常に魅力的である.この特長はわかりやすく言えば,もし近赤外の光で見ると体内のSWNTを体外から透かして見ることができるということを意味し,体内でも見たり使ったりしやすいということに他ならない.

これまでに多くの培養細胞を使った実験 (*in vitro*) を経て,最近ではマウスを使った体内 (*in vivo*) での実験が行われ始めている.これらの流れを本節で紹介する.

6.2.1 *In vitro* アプリケーション

SWNTのバイオ分野への応用を指向した研究は可溶化剤によるSWNTの分散技術確立に伴い,2004年頃から本格的に報告され始めた.最初は水中分散SWNTの細胞への取り込みを培養皿上 (*in vitro*) で行った実験から始まった.まず米国ライス大学のWeismanらは,非イオン系界面活性剤であるPluronic F108で分散されたSWNTが細胞内に取り込まれ,その空間分布をSWNTの近赤外発光をプローブとしてマッピングできることを報告した[132].この発見は,SWNTが色素プローブとして有用であることを意味している.米国スタンフォード大学のDaiらはSWNTをいち早くバイオアプリケーションに展開した先駆者の一人である.彼らは2005年にこの分野における非常に先駆的な論文を発表した[133].まず,がん細胞を使った実験でDNA/SWNT複合体をエンドサ

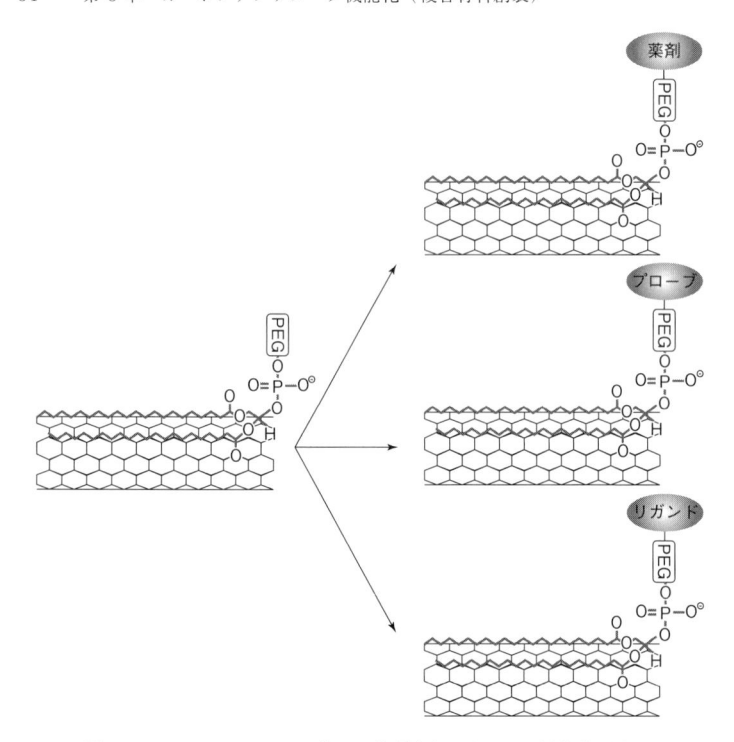

図 **6.5** H.Dai らの sPEG 化リン脂質を用いたバイオ用修飾の展開.

イトーシスにより細胞質内に取り込ませることに成功し，さらに複合体を取り込んだ細胞への近赤外光レーザー (808 nm) 照射により DNA が SWNT 上から放出され，核内まで到達することを発見した．DNA 単独での核内への導入は困難であることから，SWNT が運び手（キャリア）として有用であることを示している．さらに同じ論文で彼らは SWNT 吸着部位としてアルキル鎖を持ち，生体組織への非特異吸着を防ぐ PEG を連結したリン脂質誘導体（PEG 化リン脂質）を SWNT 可溶化剤とした複合体についての報告も行っている（図 **6.5**）．この複合体は PEG の作用により細胞への取り込みは抑制されているが，がん抗体に対するリガンドを結合することで特異的にがん細胞へ導入できる．さらに近赤外

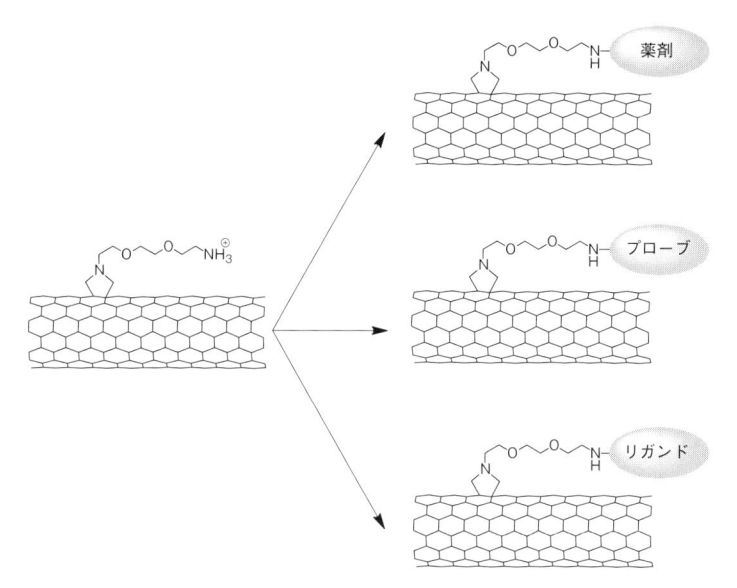

図 **6.6** Prato らの共有結合修飾 CNT のバイオ展開.

光照射による SWNT 発熱でがん細胞を死滅させることにも成功している [134]．この研究は，SWNT によるがん治療への戦略について有益な示唆を与えてくれる重要なものであった．このリン脂質誘導体可溶化剤で分散された SWNT では近赤外発光細胞イメージング [135] の他，SWNT の強いラマンシグナルを利用したラマン細胞マッピング [136] も報告されている．SWNT は ^{13}C を導入することによりラマンピークがシフトすることから，マルチカラーのラマンプローブとして染め分けることも可能である．SWNT は，遺伝子の導入や光刺激によるがん治療およびプローブ分子としてマルチな機能性を有していると言えよう．

一方で，共有結合による化学修飾 SWNT の *in vitro* 実験も 2004 年頃から立ち上がった．Prato らは，いわゆる Prato 反応と言われるフラーレンへの反応で確立していた付加反応を SWNT 表面の官能基化へ適応し，化学修飾 SWNT をバイオアプリケーションへ展開した [137]．彼らは **図 6.6** で示した官能基化 SWNT を出発物質とし，蛍光分子を導入した

SWNTの細胞内への導入を顕微鏡観察により確認した．また，プラスミドDNAをイオンコップレックス形成により官能基化SWNTと複合化し，これを効率よく細胞内に導入することにも成功している．このような化学修飾法では蛍光基や薬剤骨格などを有機合成化学に基づいて自在に修飾できるのが特徴である．ただし化学修飾法ではSWNTはドープされることになり，SWNTならではの強い近赤外領域での吸収や発光等の特長は失われ，SWNT自身のイメージングや光熱変換を用いた温熱治療の効率は低下するといった短所もある．

6.2.2　*In vivo* アプリケーション

培養細胞実験において得られた興味深い知見を踏まえて，2008年頃から動物体内 (*in vivo*) へのCNTの導入実験が報告され始めた．*In vivo* 研究において可溶化SWNTは，(1) イメージングのプローブ，(2) 腫瘍の温熱治療のための発熱体，(3) 腫瘍部への分子送達キャリアという主に三つの用途に展開されている．

イメージングとしては，マウス体内からのSWNTの近赤外発光によるイメージング [138, 139]，ラマン散乱によるイメージングの他 [140]，SWNTをパルス光で励起したときに発生する音波をイメージングする光音響イメージングが報告されている [141]．また，光熱変換作用を利用した腫瘍の温熱療法は，マウス体内においても有効であることが多くの実験から確かめられている．以上二つの用途は，光照射でSWNTを励起することが必要であるが，体内への近赤外光の深度（～数cm）を考えたとき，人体内部にも適用可能であるとは言い難い．したがって，薬剤を腫瘍部に送達する薬剤送達システムとしての使い方が最も実際的であろう．

これまで研究されているDDSキャリアはほとんどの場合球状であるが，その一方で棒状分子の方が細胞取り込み能は高いという報告もあり [142]，CNTの形状に由来する効率的な腫瘍集積性が得られる可能性がある．また，CNTは疎水的な表面を持ち，疎水的分子を効率よく吸着することが知られており，DDSにおける課題の一つである疎水的薬剤の送達には非常に有利なキャリアである．例えば代表的な疎水性抗がん剤であるドキソルビシン (DOX) の場合，SWNT 1 gにつき4 gものDOX担持が可

能である.実際に DOX を担持した可溶化 SWNT をマウスに投与したところ,DOX のみを投与した場合と比べ,優位な延命が見られた[143].長さが 150 nm 程度の可溶化 SWNT は PEG 化で血中滞留性を高めた場合,受動的ターゲティングによる腫瘍集積性が見られるが,さらに積極的な腫瘍集積を目指して腫瘍ターゲティング機能を付与するアプローチも実証されている[144].Bhirde らは化学修飾により SWNT に抗がん剤であるシスプラチンとレセプター認識部位を結合し,マウスの尾静脈へ投与したところ,認識部位を連結した場合のみ腫瘍の成長抑制効果を確認した.*In vivo* においてもターゲティング機能が有効に作用することが明らかとなった[145].今後はより実用化を意識した研究として SWNT の体外への排出機構の確認などが必要になってくるであろう.

6.2.3 CNT の分散と毒性

これまで述べたような CNT の有用性を利用しようとする研究が進む一方で CNT の毒性を指摘する論文が提出され,CNT の体内への影響に不安が高まっているのも事実である[146].これら全く異なる方向性の研究が存在するのは CNT の表面被覆,すなわち可溶化処理を行ったか否かに由来すると考えられる.凝集状態のまま,もしくは凝集状態を容易に誘発するような不安定な分散状態では CNT は体内に沈着し毒性を示す可能性がある.特に粉体として飛散した CNT は凝集状態をとっていることから曝露した場合の毒性のリスクが高い[147].他方で,サイズが比較的小さく(長さ:~数百 nm)かつ適切に可溶化剤により分散化処理された分散 CNT に対してはこれまでに積極的な毒性を指摘するような報告はなされていない.したがって,これらのバイオアプリケーションにおいては安定分散を担う CNT 修飾分子が脱離しないことが極めて重要である.その点においては共有結合による化学修飾は非共有結合的修飾より優れていると言えよう.非共有結合修飾において手軽に吸着安定性を調べる手段として,SWNT 可溶化溶液を透析膜に入れて透析する方法がある.可溶化分子からの脱離がある場合,時間とともに脱離した可溶化分子は透析膜外に排出され,可溶化分子を失った CNT は凝集し析出してくるため,目視で安定性が確認できる(図 **6.7**).また,液体クロ

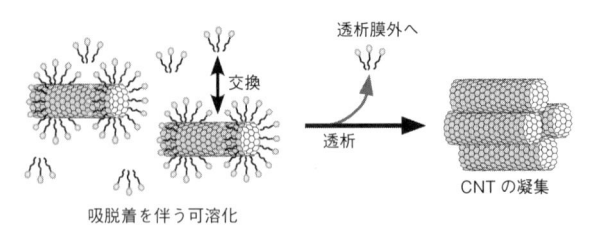

図 6.7 透析を用いた可溶化安定性チェックの概念図.

マトグラフィー (LC) を用いた方法も有用である．可溶化分子に被覆された CNT 複合体を LC 導入すると，適切な固定相を選択することで系中のフリーの可溶化分子と可溶化 CNT とを分画することができる．分画した可溶化 CNT のフラクションを再導入すると，可溶化分子の脱離があった場合，再びフリーの可溶化分子に由来するピークが確認できるため，脱離の有無を定量的に確認できる [148]．

6.2.4 細胞培養基板としての CNT

一方，体外で用いる用途にも期待がかかる．最も報告が多いのは，CNT 薄膜上での細胞培養の研究であろう．CNT 薄膜は疎水的でファイバーメッシュ状の環境を細胞に与えるため，汎用のガラスディッシュやプラスチックディッシュとは異なる細胞増殖挙動を与えることがある．CNT 薄膜をコートしたディッシュ（CNT ディッシュ）上で培養した場合，良好な細胞接着および伸展が見られる例が多くの細胞で知られている．このことは，CNT に接着タンパクが吸着しやすく，細胞に接着環境を与えやすいことを示している．もともと比較的接着の良い HeLa 細胞などではこの効果は明瞭ではないが，接着が比較的難しい細胞には有効であろう．また，神経系細胞では特に興味深い挙動が知られており，例えば ES 細胞から神経系細胞への分化確率向上や [149]，神経系細胞の活性増加が報告されている [150]．これまでに報告されているような高分子ナノファイバー細胞培養基板とは異なる CNT ならではの特性であり興味深い．筆者らは，CNT ディッシュ上で播種した細胞に近赤外パルスレーザー光照射を行い，CNT に衝撃波を発生させ，その結果，照射したターゲッ

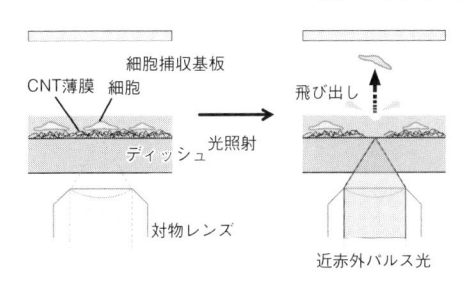

図 6.8 CNT 塗布ディッシュを用いた選択的単一細胞捕集技術.

ト細胞が培地外に飛出し，捕獲できることを明らかにした（図 6.8）．光照射は顕微鏡観察下で行えるために，狙った細胞 1 個を選別して捕集できる．さらに捕集した 1 個の細胞からの遺伝子情報の読み出しにも成功している[151]．このように細胞培養基板としての CNT の用途はバイオ・メディカル分野において大きな広がりを見せている．

6.3 エネルギーデバイス

6.3.1 燃料電池

燃料電池は水素やメタン，アルコール等の水素源と空気などの酸素源を燃料とし，電気を取り出す発電機である．燃料電池は，反応の結果生じるのは水というクリーンさとエネルギー密度の高さから，次世代電源の一つとして期待されている．燃料電池の中でも低温（室温付近）で動作する高分子電解質型燃料電池 (PEFC) は家庭用，自動車用といった身近な電源として注目が集まっている．電極触媒には反応効率を高めるために触媒ナノ粒子を高分散状態で担持させ，かつ効率的に反応電子を供給あるいは回収するための導電性担体が必要である．現在はカーボンブラック (CB) が導電性触媒担持体として用いられているが，近年，CB を CNT に置き換える研究が注目されてきている．CNT を用いる利点としては，主に以下の 5 点を挙げることができる．これらは CB に対する CNT の優位性を示すものである．

(1) 結晶性が高いため，特に高電位側の電気化学的安定性に優れる．し

たがって，耐久性の向上が期待できる．
(2) CNT の優れた電気伝導性と発達したナノファイバー状の電気伝導ネットワーク形成により，電極触媒層での電子の速やかな運搬が可能になる．
(3) 複雑なナノ細孔を持たない構造のため，担持したナノ粒子が外界に露出し，触媒利用率が向上する．将来的な低白金化に向けて有望である．
(4) CNT ネットワークが形成するメッシュ状構造（図 6.9）により，燃料ガス拡散や排水に有利である．
(5) 強固なネットワーク構造により，バインダーなしでの成型が可能である．

アルコール系溶媒に分散が可能で，塗膜等のハンドリングが容易である CB に対し，CNT は強固なバンドル構造のために分散性が悪く扱いが難しいという短所があり，プロセスには工夫が必要となる．また，燃料電池の普及を妨げる原因の一つであるコスト面でも CB と比較して不利である．しかし CNT は量産によるコスト低減が急激に進んでいることから，この問題は置き換えが進むにつれて解決されていくと予想される．有利性を明確にし，材料の置き換えを進めていけるかが鍵となる．

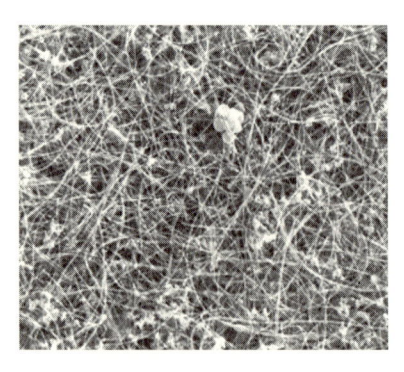

図 6.9 CNT 膜の SEM 写真．このネットワーク構造は物質拡散に有利だと考えられる．

CNTの燃料電池触媒担体への実用化展開を目指し，筆者らはPEFC用CNT電極触媒の開発を進めている．現在，PEFC実用化展開の鍵は「高耐久化」「高温動作」「高活性化」「脱白金化」にあるとされている．その中でCNTが最も貢献できるのは，結晶化度の高いグラファイト構造がもたらす触媒担持体の「高耐久化」であると考えている．したがって，現在行われているCNTを酸化処理して触媒を担持する方法は本末転倒といってよい．筆者らはプロトン伝導性を持つ高分子電解質でCNTを被覆し，その上にPtを担持することで，酸化処理を経ず（CNTに欠陥部位を導入することなく）電極触媒を作製することに成功した[64,152,153]．このとき，高分子電解質としてCNTに強く吸着するポリベンズイミダゾール（PBI：図3.13）を選ぶことで効率の良いCNT被覆とPt担持を実現している．PBIはPEFC用電解質として有望視されているNafionと比較し，高温領域でのプロトン伝導（酸ドープ後）を示すので，「高温動作」への対応も想定できる触媒デザインとなっている．**図 6.10**にPBI被覆の有無におけるPt担持の差を示してある．PBIがPt担持の効率の良い「のり」として作用している様子がよくわかる．この手法だと従来のような白金担持後に高分子電解質を混ぜる手法と異なり，白金の被覆が抑制でき，反応の三相界面が確保できるメリットがある．実際に膜電極接合体（**図 6.11**）を組んで電池評価したところ，120℃無加湿条件で180 mW cm^{-2}という非常に高い出力密度を示した．耐久性の比較など

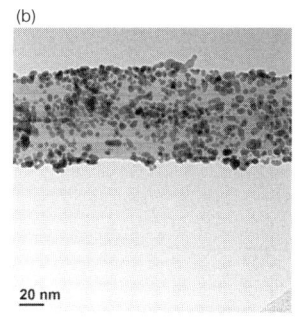

図 6.10 (a) PBI被覆なし，(b) PBI被覆ありのCNTへの白金担持後のSEM写真．

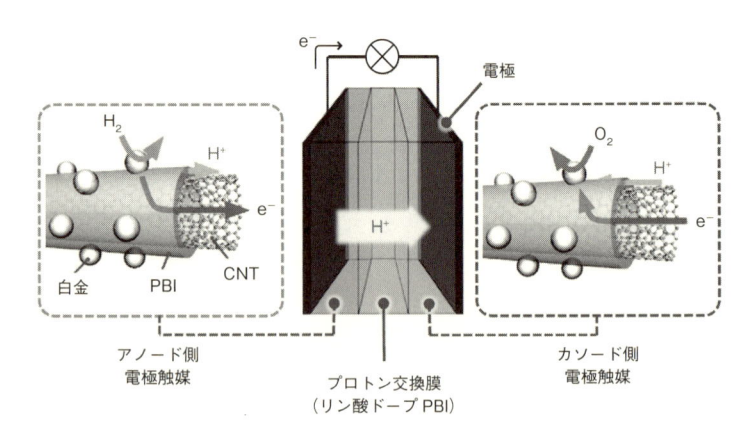

図 6.11 CNT を触媒担持体とする燃料電池 MEA の構造.
(口絵 2 参照)

のさらなる検討で,CB を用いた従来型の電極触媒と比較して優位性を見出せると期待している.さらに同じ触媒にアルカリ (KOH) をドープすることでプロトンの代わりにヒドロキシド (OH^-) がキャリアとなる,いわゆるアニオン型 PEFC として動作可能であることを実証した.この PBI 被覆 CNT 複合体を用いたアニオン型 PEFC は 256 mWcm^{-2}(湿度 95%,温度 50 ℃)と世界最高レベルの出力密度を示した [154].

最近,窒素をドープした CNT(窒素ドープ CNT)に酸素還元活性があることが発見され,PEFC カソード触媒として一躍脚光を浴びている.金属を用いないために,強酸条件下で運転する PEFC においても溶解劣化が避けられ,長寿命化も期待できる.構造は CNT そのものなので,メッシュ状構造や大きな比表面積などの触媒に有利な形状は維持している.しかも CNT に窒素をドープすることで電気伝導度が上がるため,触媒用途には有利に働く.窒素ドープ CNT は CNT の CVD 合成の際に窒素源を共存させて供給するだけで合成できるため煩雑な操作はなく,大量合成も可能であろう.実際に,ライス大学のグループはスーパーグロース法で窒素ドープ SWNT を合成することに成功し,大量合成に先鞭をつけた [155].何よりも貴金属を使わない完全メタルフリーな触媒で

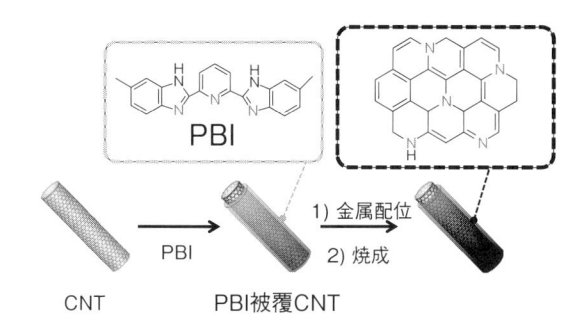

図 **6.12** PBI 被覆 CNT からの酸素還元触媒複合体調製スキーム．

あり，大量合成され実用化されれば燃料電池のコスト削減に大きく貢献することが期待できる．活性サイト構造の特定や触媒作用メカニズムの解明をもとに，構造最適化を行うことで白金に迫る触媒活性も可能になるかもしれない．

近年，窒素ドープ CNT に限らず，グラファイト構造中に窒素原子を含有した化合物に関する同様な酸素還元活性についての研究が盛んである．群馬大学の尾崎らは金属フタロシアニンとフェノール樹脂の混合物を焼成することで得られる窒素含有グラファイト構造に比較的高い酸素還元活性を見出し，その後も精力的に研究を展開している．Dai らは窒素含有グラフェンを合成し，同様に高い酸素還元活性を見出した[156]．炭素と窒素からなる単純な構造の化合物から燃料電池触媒が構築できればコストの面からも極めて魅力的である．筆者らは PBI 被覆 CNT に金属を配位させた後に焼成することで CNT 表面に窒素含有グラファイト構造を形成させ，導電体（CNT）に酸素還元サイト（窒素含有グラファイト構造）を構築することに成功している（図 **6.12**）[157]．この方法では，酸素還元サイトへのスムーズな電子供給が実現できるメリットがある．

一方で，窒素ドープ CNT はその高い電気伝導性から，センサーとして利用したとき，CNT センサーよりさらなる高感度化が実現できる[158]．また，同様な理由で電子放出源（6.5.1 節参照）としても有望である．韓国 KAIST の Kim らは窒素ドープ CNT を電子放出源として用いると，より小さい電圧で電子放出が起こることを報告している[159]．デバイス

の省電力の観点から注目したい．また，リチウムイオン電池のアノードとして用いると，窒素がリチウムと配位することで容量が向上することなども報告されている [160]．このように窒素ドープ炭素は，ナノカーボンの分野でグラフェンとともに一大ムーブメントを起こしている．

6.3.2 太陽電池

また，CNTは太陽電池用途への展開にも大きな期待が集まっている．現在はシリコンを用いた薄膜太陽電池が市場の主流であるが，コスト高の問題から，大がかりな装置を使用せず材料が安価な非シリコン系にかかる期待は大きい．非シリコン系では10%を超える変換効率（理論最高効率は33%）に達している色素増感型や有機薄膜型太陽電池といったタイプがあるが，どちらの方式においても効率向上のためのCNTの導入に期待が集まっている．そこではCNTの持つ高い伝導度とアスペクト比を生かした高効率なキャリア捕集材料として，あるいは効率のよい光吸収を生かしたキャリア発生材料としての両面からの導入が検討されている．

色素増感型太陽電池においては，色素を担持した酸化チタンポーラス電極に複合化することで，酸化チタン粒子間の電子移動がスムーズに進行し，結果としてナノ粒子単独時より効率が向上する．電極へのスムーズな電荷運搬に加えてナノ粒子の高分散担持による活性表面積の増大も効率向上に寄与していると指摘されている．また，SWNTネットワークの存在により増感色素への逆電子移動が抑えられることで効率が向上するというメカニズムも提唱されている [161]．さらにCNTは対極基板としても注目されている．対極においては外部回路からの電子をスムーズに I_3^-/I^- 系へ受け渡す必要があるが，現在対極基板として用いられているPt薄膜に対し，SWNT電極は大きな表面積を持つことから電子授受に有利であると考えられている．

一方の有機薄膜型太陽電池は，変換効率で色素増感型太陽電池には及ばないものの，電解液を使わない全固体タイプゆえ封止の必要がなく，フレキシブルかつロールtoロールプロセスによる安価な製造が可能であることから実用化が期待されている．CNTは高い電気伝導性とアスペ

クト比を利用した透明電極の素材として特に有望視されている．フレキシブルデバイス実現のためには，曲げにより亀裂を生じてしまうITO基板は使用できないことから，CNTのような柔軟性を持つ素材は極めて魅力的である．CNTの高い仕事関数(4.7～5.2 eV)も有機系太陽電池の透明電極として適している．これまでのところITO電極 (15 Ω/□) に匹敵する透明性と導電性を両立するには至っていないのが現状である．また，半導体的特性を利用したキャリア発生の材料としても注目されている．最近のSWNT分離技術の発展に伴い，高純度な半導体性SWNTの濃縮ができるようになってきた．半導体性SWNTは近赤外領域に強い吸収を示すために，この領域の太陽光エネルギーを捕集し，電気エネルギーに変換することができる[88,162,163]．金属性SWNTを透明電極に，半導体性SWNTを活性層に，と使い分けたフレキシブル太陽電池デバイスが実用化される日が来るかもしれない．

6.3.3 キャパシタ

電気二重層キャパシタは一般的な二次電池と比較すると，大電流の充放電が可能で，充放電サイクル寿命に優れた蓄電デバイスである．近年，エネルギー問題(石油削減・消費電力削減・CO_2削減・クリーンエネルギーへの転換)が重要視され，電気二重層キャパシタの需要は増す一方である．エネルギーの有効利用を目的とし，ハイブリッド車や燃料電池車への電気二重層キャパシタの搭載検討も進んでいる．ニッケル水素電池やリチウムイオン電池はエネルギー貯蔵・放出の際に化学反応を伴うのに対し，基本的な電気二重層キャパシタは物理的な吸着・離脱のみで充放電を行うため，特に劣化する部位がなく，原理的に寿命は半永久的となるのが魅力である．動作原理からも理解できるが，電極表面積が大きいほど大容量化に有利であるため，現在は電極材料として2,000～3,500 $m^2 g^{-1}$ もの大きな比表面積を有する活性炭粒子が用いられている．ここにSWNTを用いることを考えると比表面積 (1,000 $m^2 g^{-1}$ 程度) から判断して不利ではあるが (内部表面を合わせれば理論的には2,600 $m^2 g^{-1}$ 程度になる)，活性炭のように入り組んだ複雑なナノ細孔がなく，均一な細孔構造であるために，電解質が浸透しやすく高速でイオンが移動でき

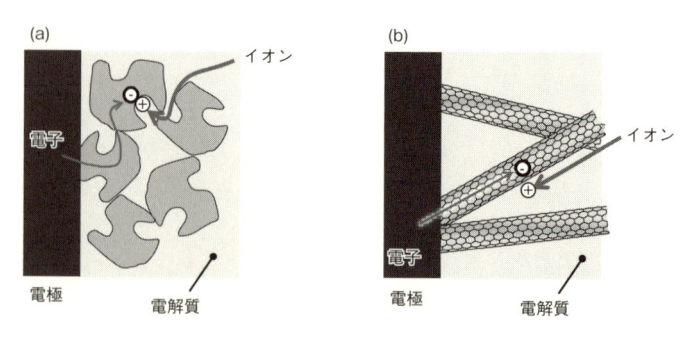

図 6.13 (a) 活性炭，(b)CNT を用いた電気二重層キャパシタの概念図．

る．結果として活性炭を上回る静電容量を稼げる可能性が指摘されていた．電子の移動に関しても，活性炭の場合電子は粒子間を移動しなければならず，界面抵抗が大きくなるが，ファイバー状の CNT の場合，電子が高速で電極まで到達できるため充放電に有利である（**図 6.13**）．このように期待値は高いものの，これまで報告された CNT 電気二重層キャパシタはわずか数十 F/g 程度の容量を示すのみで，100 F/g を超えるCNT キャパシタは酸化処理を施したものなど，官能基の補助なしには高容量化は実現できていなかった．理論値よりずっと小さい容量は CNTのバンドル構造がイオンの吸着を妨げているためと考えられている．実際に，CNT の比表面積はバンドル構造のために理想値よりずっと小さいことは第 2 章 2.2.3 節でも述べた．したがって，バンドル構造を形成していない CNT 固体を使えば大きな容量が得られることは容易に予想できる．

2010 年，産業技術総合研究所の畠らは比表面積 1,300 m^2/g という，理論値に近いスーパーグロース SWNT 垂直配向アレイにおいて 160 F/g という高容量を達成した．スーパーグロース SWNT は炭素純度が 99.98%と高く，従来の活性炭と異なり欠陥部がほとんどないため，高電位での安定性が高い．電気二重層キャパシタのエネルギー密度 (E) と静電容量 (C) と作動電圧 (V) の間には

$$E = \frac{1}{2}CV^2$$

の関係が成り立つため,高エネルギー密度化のためには静電容量 (C) を大きくするかまたは作動電圧 (V) を大きく,すなわち高電位で運転させることが有効である.したがって,スーパーグロース SWNT は両方の点において有利であると言えよう.実際に電圧 4 V で動作し,67 Wh/kg の高エネルギー密度,93 kW/kg の高パワー密度を示した.従来の活性炭ではこの電圧条件では 1,000 回で容量がほぼ半減してしまうのに対し,スーパーグロース SWNT ではほとんど劣化しないことも示された.特筆すべきはスーパーグロース SWNT の高い伝導度 (21 S/cm) のために集電体を省略でき,デバイスの軽量化にも成功している点である[164].

さらなるエネルギー密度の向上に向けて,レドックス反応を伴う金属酸化物や導電性高分子を利用するレドックスキャパシタ(擬キャパシタ)も実用化が期待されている.この系ではイオンの物理的な吸脱着ではなく電解質との酸化還元反応を利用して電荷を蓄える.金属酸化物としては容量密度の大きい水和酸化ルテニウム ($RuO_2 \cdot nH_2O$) を始め,MnO_2 や NiO などが用いられるが,ここでは CNT はこれまでにも述べてきたナノ粒子担持体としての長所を発揮することとなる.すなわち,ファイバー状構造で 3 次元ネットワーク構造を提供する CNT が担持したナノ粒子に電解質がアクセスしやすい状態を作り出し,かつ担持により粒子の凝集を抑制してくれる.実際に,RuO_2 を担持した CNT で 900 F/g (RuO_2 の重量あたり)と RuO_2 を単独で用いた場合(およそ 750 F/g)より高容量密度化が実現できている[165].

6.3.4 リチウムイオン電池

リチウムイオン電池は正極と負極の間でリチウムイオンを出し入れすることで電気を充放電する二次電池である.エネルギー密度が高く携帯電話,ノートパソコン,デジタルカメラ,電気自動車用途にすでに実用されている.電極として正極にコバルト酸リチウムなどのリチウム遷移金属酸化物,負極にリチウムをインターカレートするグラファイトのような層間化合物が用いられることが多い.CNT は主としてグラファイトの代替として研究されている.MWNT の層間にリチウムイオンを充填するのは MWNT の直径が拡大しなければならず,最外層の歪みを考えると

困難であろう．報告されている MWNT 添加による高容量化は MWNT 上の欠陥サイトなどに相互作用した分と考えるのが妥当であろう．一方，SWNT を使った場合，バンドル間に生じる空間にリチウムイオンを充填することは可能であることがわかっている．SWNT 合成時に必須となる触媒金属はリチウムイオン電池電極として用いる際に厳密に除去する必要があり，それが達成できることが実用化への必要条件であろう．また，CNT をリチウムの充填サイトとしてではなく，導電補助剤としての用途に期待が集まっている．MWNT 添加の効果としては，(1) 充放電の繰り返し時に生じる活物質の移動による導電性パス切断の防止，(2) 電気伝導性の向上による充放電スピードの向上，(3) 高熱伝導性による発熱低減などである．実際に昭和電工では MWNT(VGCF) を正極材，負極材への導電補助添加剤として実用化している．

6.3.5 アクチュエータ

現在，ヒューマノイドロボット開発に伴うニーズ等から，筋肉の代替となるような空気中で駆動するアクチュエータの開発が待たれている．CNT の強靭さ，しなやかさ，軽さ，電気伝導性，熱伝導率，光応答性は人工筋肉のようなアクチュエータの材料として極めて魅力的で，様々な形で研究され始めている．例えば，人工筋肉へ期待される材料として電圧を印加することで変形を生じる圧電性高分子がある．この圧電性高分子に CNT を添加すると，高分子の貯蔵弾性率や誘電率が向上し，結果としてより弱い印加でより大きな応力を発生できることが報告されている．また，CNT に電流を流すことで発生するジュール熱により高分子の体積変化を誘起させる仕組みで空気中駆動するアクチュエータが実現できる．これまでに，高分子の熱膨張の性質と組み合わせた系，形状記憶高分子と組み合わせた系などが報告されている．さらに CNT が光照射により発熱する（光熱変換）ことを巧みに利用し，外部加熱ではなく遠隔からの光照射により高分子の変形を誘起させることも実現されている[118]．CNT は高い熱伝導度とファイバー状構造により効率的に材料全体に発熱を伝播させることができるため，他の炭素材料よりも発熱体添加物として適している．実際に形状記憶高分子/MWNT 複合体において

は同量の CB 添加において得られる変形の 20〜30% も大きな変形が得られている．CNT はグラファイトなどの他の炭素材料よりも高効率な発熱ができることが報告されており [166]，CNT は優れた「分子ヒーター」であるとみなすことができよう．

その他の原理として電圧印加による電気化学的アクチュエータの研究も盛んである．紙状に製膜した CNT（CNT バッキーペーパー）を電極とし，絶縁膜を介して張り合わせた膜に電解質溶液中で電圧を印加すると，ちょうど電気二重層キャパシタのように陽極にアニオンが，陰極にカチオンが引き寄せられる（**図 6.14**）．ここでカチオンとアニオンに体積の差があるとき，陽極 CNT 膜と陰極 CNT 膜に膨潤度の差が生じ，膜が全体として屈曲する．この原理により 1999 年，Kertesz らは 1 M NaCl 中で人間の骨格筋より大きな応力 (0.75 MPa) を発生させることに成功している [167]．この電気二重層型アクチュエータはそれまでの導電性高分子のレドックス反応を伴うアクチュエータと異なり，酸化還元の繰り返しによる劣化の心配がなく耐久性に優れると考えられる．相田・福島らは，不揮発性電解質であるイオン性液体が CNT をよく分散しペースト状の CNT インクを与えることを発見し [115]，この発見をもとに空気

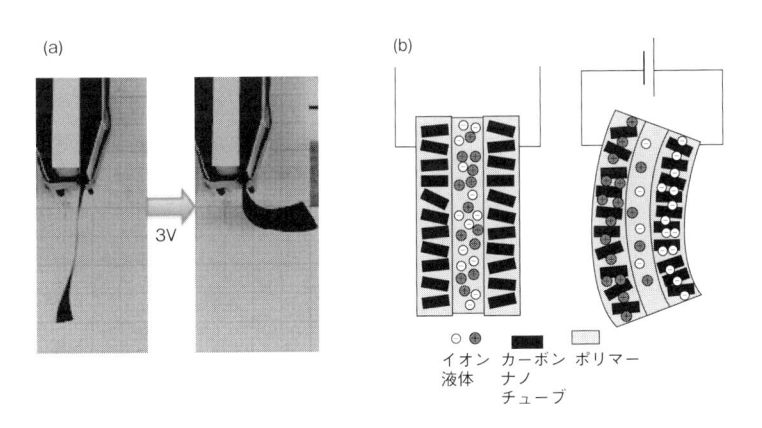

図 6.14 CNT アクチュエータの (a) 写真と (b) 模式図．
出典：産業技術総合研究所ウェブサイト
(http://www.aist.go.jp/aist_j/new_research/nr20100323/nr20100323.html)

中でも駆動する電気二重層型アクチュエータを作製した[168]．興味深いことにスーパーグロース SWNT を用いると，市販の HiPco SWNT を用いたときと比較して，応答速度が飛躍的に向上した．これはより長い SWNT を用いたことにより，発達した導電ネットワークを形成できたためであると考察できる．さらに 10,000 回の動作後においても劣化がないことを示し，電気二重層型 CNT アクチュエータの優位性を示した[169]．CNT を用いることによる機械的強度の向上やそれに伴う発生応力の増強と合わせて，実用的な人工筋肉等のデバイスへの応用が待たれる．

6.4 フレキシブル透明電極

6.4.1 透明導電性を得るための基本コンセプト

CNT を素材とした様々なアプリケーションの中で，特に実用化に近いものとして透明導電性基板が挙げられる．透明導電性基板は液晶パネルや有機 EL などのフラットパネルディスプレイ用電極材料として欠かせない部材であるが，レアアースとされるインジウムを使った酸化インジウムスズ（Indium Tin Oxide：ITO）を用いているため，安定供給が危惧されている．透明導電性基板としてはタッチパネル用途として表面抵抗率 500 Ω□$^{-1}$・透過率 85% (@550 nm)，液晶パネル用途には 100 Ω□$^{-1}$・85% (@550 nm) という透明導電性が必要であり，これを満たす材料の探索が盛んに行われている．高い電気伝導性と高いアスペクト比を持つ CNT は，導電性高分子である poly(3,4-ethylenedioxythiophene):poly(styrenesulfonate) (PEDOT:PSS) や金属系の銀ナノワイヤーと並んで，代替材料の有力な候補である．

透過率 (T) は表面抵抗率 (R_s) と膜厚 (d) が波長より十分に小さい範囲において，式 6.1 のように関係づけられている．

$$T = \left(1 + \frac{188.5}{R_s} \frac{\sigma_{\text{op}}}{\sigma_{\text{dc}}}\right)^{-2} \tag{6.1}$$

(σ_{op}:光学伝導度，σ_{dc}:直流伝導度)

通常，これらの値は波長 550 nm での値で比較される．σ_{op} はドーピング状態には関係なく多くの場合 2×10^4 (S/m) とみなされることから，

透過率と表面抵抗率は非常にシンプルな式で関係づけられていることがわかる．この式は実測値をよく再現できることが確かめられているが，パーコレーション閾値以下，すなわち CNT ネットワークの非常に疎な範囲で外れてくるので注意が必要である．

ここで R_s と σ_{dc} は d を介して

$$\sigma_{dc} R_s = \frac{1}{d} \tag{6.2}$$

であるから，式 6.1 は

$$T = (1 + 188.5 \sigma_{op} d)^{-2} \tag{6.3}$$

と書き換えられ，膜厚 (塗布厚み) を小さくすれば透明性は向上していくことが式からも理解できる．ただし，CNT 塗布量を減らせばその分，導電率は下がってしまう．この二律背反を実現するには式 6.3 からもわかるように，塗布厚み分を補うほど σ_{dc} を大きくすればよいことがわかる．ここで SWNT-SWNT 間の接点は抵抗として働くため，接点が多いほど σ_{dc} は小さくなる．導電性原子間力顕微鏡による実測から，SWNT-SWNT 間の抵抗は非常に大きく kΩ～MΩ オーダーにも上ることがわかっている．このため CNT 1 本の σ_{dc} は 200,000 S/cm と非常に大きいのに対し，ネットワーク化し導電パスに接点を介在させることで 5,000 S/cm 程度まで大きく低下してしまう．接点間の抵抗値はバンドルのサイズにも大きく依存し，10 nm 程度のバンドルどうしでは 2.7 MΩ にも上り，孤立状態の SWNT どうしでも 98 kΩ もの抵抗が存在する．一方で，単独の CNT 内での抵抗は ～10 kΩ ± 6 kΩ/μm であると報告されていることから [170]，おおよそ 2～4 μm である CNT においてせいぜい 20～30 kΩ 程度であることがわかる．したがって，ネットワーク内の抵抗は接点抵抗が主であり，短い CNT を多数の接点でつないでネットワークを作るより，長い CNT で接点を最小限にしてネットワークを形成するのが望ましく，なおかつ構成する CNT は孤立分散した状態であることが理想的であることが理解できる (図 **6.15**)．

パーコレーション理論より，アスペクト比の大きい CNT においては，

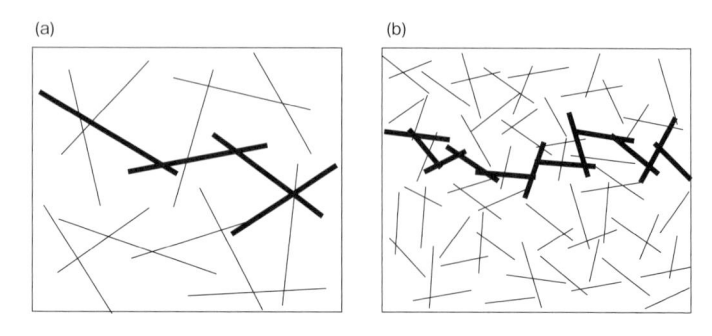

図 6.15 (a) 長尺, (b) 短尺 SWNT によるネットワーク構造.

基板被覆密度が 1% に満たない範囲でパーコレーションが起こることがわかっている. パーコレーション閾値以上において σ_{dc} の値はネットワーク密度の 1〜1.5 乗（理論的には 1.33）で増加するため，透明導電性膜でターゲットとなる 90〜95% の透過率の範囲では（厚さ 5〜10 nm に対応），σ_{dc} の値が急激に増加する範囲に対応する. したがって，ネットワーク構造の精密制御が透明導電性に大きく影響することが理解できる. 理論的な σ_{dc} の最大値は 90,000 S/cm と予想されているのに対し，報告されている最も大きい σ_{dc} でおよそ 13,000 S/cm であり，まだ向上の余地がある.

6.4.2 透明導電性基板作製の実際

最近の CNT 分散技術の向上により，ディップコーティング[171]，Langmuir-Blodgett (LB) 法[172]，電気泳動法[173]，ろ過法，スピンコーティング[174,175]，スプレー塗布[176,177]，バーコート塗布（ロッドコーティング法）[178] などの様々な溶液塗布法からの CNT 薄膜の作製が可能になった. このような溶液法による塗布は高価な真空蒸着装置を必要とする ITO 基板作製法と比較し，安価な材料を提供するものとして期待できる. いずれの場合も良い分散を得るために界面活性剤やポリマーのような分散剤が必要であるが，それらは接点部において大きな抵抗を引き起こす可能性があるために留意する必要がある. ディップコーティン

グ法は塗布する基板を CNT 分散溶液に浸して引き上げるだけの非常にシンプルな方法であるが，CNT は基板と分散剤との相互作用により吸着するために，分散剤の選択は重要である．この方法では引き揚げ方向に CNT が配向した異方性薄膜も作製できる．短所は両面に塗布されてしまうために，片面のみが必要であった場合，透明性の面で不利になってしまうことである．LB 法は，操作が煩雑であるために汎用性は高くない反面，高い異方性を得たい場合には有効な手法であろう．ディップコート法と同様に両面が塗布される方法である．ろ過法は吸着濾過によりろ紙上に薄膜を作製する方法であり，ろ過量と溶液の濃度を制御することで厳密にネットワーク密度の調整ができ，可溶化剤の除去も可能であるのが特長である．非常に均一な膜ができる反面，基板にろ紙を用いているために所望の基板への転写の作業が必要な点と，大型化が困難という短所がある．

スプレー塗布は高価な装置を必要とせず手軽な塗布法である．塗布後の蒸発過程において凝集が起こりやすいために，基板を加熱し溶媒の蒸発速度を早くするなど工夫することで溶液での分散状態をそのまま固定化することができる．塗液は強制的に基板に塗膜されるため，ディップコーティングのように基板と分散剤との積極的な相互作用の有無に関わらず塗膜が可能である．膜厚は溶媒の濃度やスプレーの回数などで容易に制御が可能である．2007 年に韓国成均館大学の Lee らは，界面活性剤 SDS に分散させた SWNT をスプレー塗布法により PET 基板上に薄膜を作製し，硝酸によるドープ後およそ $100\ \Omega\square^{-1}$，85％という ITO 並みの透明導電性を実現している[177]．スプレー塗布の場合，細かい液滴の塗り重ねであるために，特にスプレー回数の少ない場合，液滴の塗布ムラの影響が大きく不均一になりやすい短所がある（**図 6.16**）．一方で，大面積化を考慮に入れるとバーコート法が最も実用的で有望な技術であろう．この手法はバーコーターと呼ばれる溝の入った棒で塗液を薄く引き伸ばす方法である．溝の深さやピッチの異なるバーコーターを用いることで膜厚を制御することができる．Pasquali らは界面活性剤の種類により変化する SWNT 分散液の粘度に着目し，最適な透明導電性を与える界面活性剤の組み合わせを探索した．最適化により作製した SWNT 薄膜を

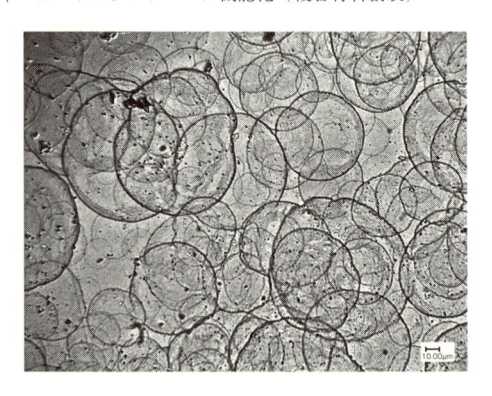

図 6.16 スプレー塗布基板の光学顕微鏡像（スプレー回数 30 回）.

発煙硫酸でドープすることにより 300 Ω□$^{-1}$，90%（または 100 Ω□$^{-1}$，70%）という極めて高い導電性と透明性を実現している [178]．

SWNT は確率統計的に 3 分の 1 が金属性 SWNT であり，3 分の 2 が半導体性 SWNT である．接点部の抵抗の低減には半導体性 SWNT へのドーピングによる金属化の他，金属性のみを分離して用いることも有効である．金属性 SWNT は 1 本あたりの σ_{dc} が大きいうえに，金属性–金属性 SWNT 間の接触抵抗はその他の組み合わせ（金属性–半導体性等）より接触抵抗が小さいため，さらに大きな σ_{dc} の向上が見込める．近年の SWNT 分離技術の進歩に伴い，高品質な金属性 SWNT の入手が可能になり，金属性 SWNT のみからなる透明導電性基板の作製が可能になった．実際に，未分離の SWNT から作製した基板が 1,340 Ω□$^{-1}$ だったのに対し，同じ透過率を持つ金属性 SWNT のみからなる基板は 231 Ω□$^{-1}$ と，明確な向上が得られている [179]．

これらの溶液塗布法に対して，合成した CNT から直接塗膜する乾式プロセスもいくつか提唱されている．この場合，CNT は弱く絡み合った状態であるので分散状態の良い膜を作製でき，高い透明導電性が期待できる．また，溶液調製のための超音波プロセスなどを経ないため，より簡便に製膜ができるのが長所である．中国精華大学の Fan らは 2002 年に垂直配向 MWNT アレイの端を引っ張ると MWNT が絡まって糸や薄

6.4 フレキシブル透明電極　85

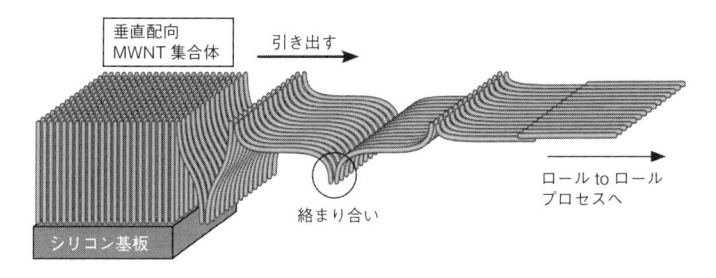

図 6.17　MWNT 垂直配向膜からの薄膜作製.

膜が"紡ぎだされる"ことを発見し，ロール to ロール法でポリマーフィルム上へ MWNT 薄膜を固定化することに成功している（図 **6.17**）[180]．1 枚の基板から実に 60 m もの長さ（幅 8 cm）の MWNT 固定化シートを巻き取って見せた．しかし，この技術で得られる MWNT 薄膜の導電性は配向方向でも 1 kΩ□$^{-1}$，透明性は 550 nm で 83％と ITO には及ばなかった[181]．また，SWNT 合成反応炉からフィルター上に SWNT の吹き付けを行い，生成した SWNT 薄膜を所望の基板に転写するユニークな技術も提案されている[182]．この SWNT 薄膜は前述の MWNT 配向成長基板からの配向薄膜と異なり，ランダムネットワークを形成していることが特徴である．得られた CNT 薄膜は 110 Ω□$^{-1}$，90％という高い透明導電性を示し，さらに有機 EL の電極として動作させることに成功した．マスクを使うことでパターニングも可能で素子化にも適していることから，ロール to ロール法と組み合わせて低コストで実用化できる可能性がある．これらの乾式プロセスは溶液塗布法のようにあらかじめ分離精製した SWNT 等を用いることはできない反面，プロセスの簡便さが最大の魅力であろう．

6.4.3　ドーピング

塗布後の CNT 薄膜の導電性を向上させる方法としてはドーピングによるキャリアの注入が有効である．ドーピングには共有結合的な手法と非共有結合的な手法がある．CNT 表面への官能基導入などによる共有結合的ドーピングは非常に安定である反面，欠陥を導入することになり

移動度を下げてしまう短所がある．分子吸着や CNT バンドル間へのインターカレーションによる非共有結合的ドーピングはキャリアの移動度への影響はほとんどないものの，ドーパントの脱離による不安定性に対策を講じる必要がある．最もよく行われる硝酸ドーピングは SWNT 薄膜塗布基板を 3 M 程度の硝酸水溶液に含浸するだけの非常にシンプルな方法である．硝酸水溶液の濃度，膜厚，浸漬条件によっても異なるが，例えば表面抵抗率を半分程度まで下げた報告がある[177]．また，臭素，塩化チオニル，塩化金酸，F_4TCNQ，ヒドラジンなどもドーパントとして用いられている．

6.4.4　フレキシブル基板としての CNT 薄膜

CNT の特長として，しなやかさと堅牢さを兼ね備えている点が挙げられる．そのため CNT を用いた透明導電性フィルムには高い曲げ安定性という特長が付与されることになる．ITO 基板は曲率半径 13 mm 付近で表面抵抗が急激に上昇するのに対し，CNT フィルムの場合，実に曲率半径 2 mm まで表面抵抗の変化がないことが明らかにされている[183]．走査型電子顕微鏡 (SEM) 観察により ITO 基板には曲げ試験後に多くのクラックが生じ，物理的な破壊が導電性を低下させたことが明らかにされた[183]．一方で CNT 基板では CNT ネットワーク構造がストレスを緩和し，変形に対して強いと考えられる．繰り返し曲げ試験においても極めて高い再現性が報告されている[184,185]．また，引張試験においては，ポリエチレンテレフタレート (PET) 上に塗布した ITO では 2％の引張で抵抗の急激な上昇が見られたのに対し，CNT 薄膜塗布 PET 基板では 18％の引張でわずか 14％の抵抗変化しか見られなかった[186]．さらには摩擦試験においても，CNT 薄膜基板では 10,000 回以上の摩擦試験で変化が見られなかったのに対し，ITO では摩擦開始から抵抗の上昇が見られた．こうしたフレキシブルで伸縮可能な CNT 透明電極は，ウェアラブルディスプレイや携帯電子書籍など ITO では不可能であった新しい発想に基づくデバイス開発につながるであろう．

6.5 その他のアプリケーション

6.5.1 電界放出電子源

　CNT の高い電気伝導度とその細さ，構造的強靱さは，電界放出電子源（電子銃）として理想的な材料だと考えられている．電子銃は電界放出ディスプレイ (FED)，電子顕微鏡，電子線リソグラフィーなどに用いられるが，より低電圧で電子放出可能な電子銃を目指して開発が進んでいる．固体表面から電子を放出させるには鋭利な先端に電界を集中させると効率良いことが知られているため，ナノメートルオーダーの先端を持つ CNT は，金属を加工して先鋭化させるよりはるかにサイズの小さい理想的な材料だと言える（図 **6.18**）．ここでの最初の問題はいかにナノサイズの細い棒である CNT を電極基板に取り付けるかという点であろう．電子顕微鏡などの 1 点からの電子放出の場合，職人技を駆使してマイクロマニピュレーションで取り付けることもできるが，いかにも効率が悪い．直接電極先端から CNT 成長させる方法や，誘電泳動法で電極先端に吸着させる方法もあるが，いずれも取り付け本数，向きなどを統一させることは難しいため，さらなる工夫が必要なようである．FED 用途の CNT 電子銃は，比較的広い面積にアレイ化させる必要があるために，上述のようなスループットの低い方法ではなく，直接基板に成長させたり，スプレー塗布やスクリーン印刷等で基板に塗膜して，確率的に垂直方向に向いた先端を放出源として用いる．塗布された CNT モルフォロジーのムラは，ピクセル間の放出電流の不均一性に直結するために，できるだけ均一性を高める必要がある．現在までに日本のノリタケ

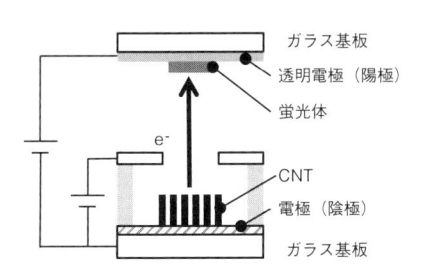

図 **6.18** CNT を用いた電子放出源の模式図．

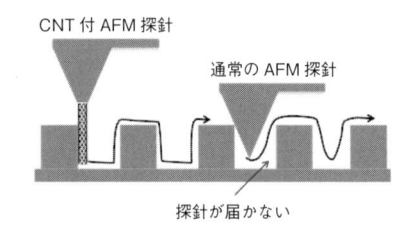

図 6.19 CNT 製 AFM 探針による走査の様子.

伊勢電子[187]や韓国のサムスン SDI[188],モトローラ[189]などから試作品の報告があり,いずれも低電圧駆動や長寿命が報告されている.

6.5.2 AFM 探針

CNT の持つ高いアスペクト比と機械強度は,AFM 探針としても有利である(図 **6.19**).AFM は先鋭化された探針で表面形状をなぞりながらイメージングする仕組みであるが,探針先端の曲率半径が小さいほど高分解能イメージが得られる.通常四角錐に加工した窒化シリコンを探針として用いるが,スキャンを重ねるごとに摩耗して曲率が落ちていき分解能が落ちていくことが知られている.高アスペクトかつ機械的強度に優れる CNT を用いれば,摩耗しにくい上に,摩耗したとしても曲率は変わらないというメリットも見込める.また,高い弾性率ゆえに,衝突による破損も低減できることからも長寿命が期待できる.さらに,四角錐状の探針が深く急峻な凸凹のイメージングを不得手としていたのに対し,高アスペクトな CNT は深くまで入り込める利点がある.実際に窒化シリコンの探針先端に CNT を電子顕微鏡内マニピュレーションで取り付けた探針が市販され,威力を発揮している.

6.5.3 電界効果型トランジスタ

SWNT 1 本における移動度は 10,000 cm^2/Vs と非常に早く,電界効果型トランジスタ (FET) への応用に期待がかかる.SWNT を用いたFET 作製を考えたとき,大きく分けて二つのアプローチがある.一つはSWNT 1 本を用いる FET で,もう一つは SWNT 薄膜(SWNT からな

るランダムネットワーク）を用いる方法である．SWNT の究極的な電子物性を最大限に生かそうとするならば，SWNT 1 本からなる FET が理想であろう．実際に，SWNT 1 本からなる FET で単電子動作やバリスティック伝導など，シリコン系 FET では実現できない究極的な FET が作製できることがすでに実証されている．しかしながら，実用的な LSI を考えたときに，どのように高スループットで歩留りよく電極間に配置するか，その際のカイラリティのバラつきからくる特性の差をどう抑えるか，いかに金属性 SWNT の混入を防ぐかなど，未解決の問題は多い．一方で SWNT 薄膜を用いる場合，一つの FET は数十〜数千本の SWNT からなるため，1 本 1 本の性質の違いは平均化され最小限に抑えることができる．素子作製も容易であることから盛んに研究がおこなわれている．この場合，電子は何本もの SWNT を経由し，途中で抵抗成分となる SWNT-SWNT 接点を通るため，SWNT 1 本からなる FET で得られるような究極的な動作は期待できない．これまでの報告ではほとんどのもので移動度が 1 cm^2/Vs 程度で（スイッチとして動作する条件で），さらなる向上に向けて研究が進んでいる．

FET において移動度とともに重要なパラメータに「オンオフ比」（スイッチ ON 時と OFF 時の電流量の差，これが小さいとスイッチとして読み出しにくくなる）がある．これを大きくするためには SWNT ネットワークから金属性 SWNT の混入を排除しなければならない．一つの方法は，チャネル長（ソース電極とドレイン電極間の距離）を長くして金属性 SWNT のパーコレーションを回避する方法である．例えば，名古屋大学の大野らは未分離の SWNT を使った SWNT ネットワーク FET で，チャネル長が 10 μm のときにオンオフ比 10 程度であったのに対し，チャネル長を 50 μm 以上にすることでオンオフ比 10^6 に向上したことを報告している [190]．一般的にオンオフ比が大きく取れても移動度が小さくなってしまうが，この素子で特筆すべきは，このときの移動度が 20 cm^2/Vs と極めて大きいものであったことである．一方で最近の半導体性・金属性 SWNT 分離技術を使うことで，分離された半導体性 SWNT が入手可能になり素子作製の報告が相次いでいる [191–195]．こうした中にはチャネル長 4 mm でオンオフ比が 10^5 に迫り，なおかつ移動度も 10

cm^2/Vs を超えるものが報告されている[194]．今後の展開が期待できそうである．

　集積回路に多数の SWNT-FET を作りこむ手法としては，現在インクジェットプリンティング法が有望視されている[193]．早稲田大学の竹延らはいち早くインクジェット印刷による SWNT-FET の作製に取り組み，すでにオンオフ比 10^5 のデバイス作製を報告している[196]．インクジェットプリンティング技術が持つ正確なアドレス能力，およびフェムトリットルの微小液滴が塗布可能なノズル技術とSWNT分散技術（SWNTインク作製技術）との融合により，大面積基板に高スループットで歩留りよく FET 作製が期待できる．性能面のみならずこれまでのシリコンベースの素子ではできなかった，透明性やフレキシブル性などでもアプリケーションの幅を広げてくれそうである．

第7章

グラフェン

7.1 グラフェンの構造,基本特性

ベンゼン環が隙間なく敷き詰まった2次元結晶 sp^2 カーボンの単層シート(層内の C-C 結合距離は 0.142 nm)をグラフェン(**図 7.1**)という.極限の厚み(層間:0.34 nm)を持った2次元シート構造体である.グラフェンの周辺部は,水素,ヒドロキシル基,カルボキシル基などで終端されているため,厳密に言えば 100% 炭素から構成されているわけではない.グラフェンが積層した構造体はグラファイトと呼び分けるが,積層数が数層と少ない場合においても,グラフェンと呼ぶ研究者もいるようである.鉛筆の芯はグラファイトである.2010 年のノーベル物理学賞は,グラフェン研究に大きな前進をもたらした英国マンチェスター大学の Geim と Novoselov に与えられたことは記憶に新しい.彼らは,セロハンテープで HOPG(高配向熱分解グラファイト)を劈開し,この中のグラフェンを基板面に転写し,光学顕微鏡で確認する一連の技術の開発に成功した[197].さらに電極を取り付け電気物性を測定し,グ

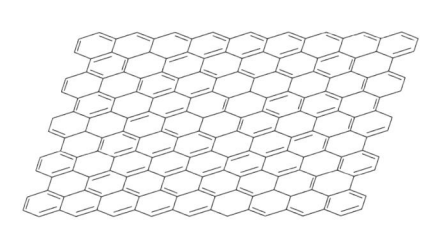

図 **7.1** グラフェンの構造式.

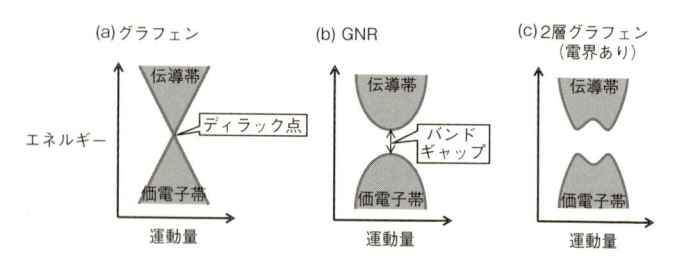

図 7.2 グラフェンのバンド構造.

ラフェンの特異な電子特性(ヘリウム温度での量子ホール効果や超高速キャリア移動)を明らかにした[198]. 長いグラファイト研究の歴史で迫れなかった領域にいとも簡単に,しかもテープで引きはがすという「ローテク」を駆使して達成したことに世界は大きな驚きを覚え,グラフェンエレクトロニクスブームの火付け役となった. 余談ではあるが,Geimらが単層グラフェンの電気物性の測定結果を報告した 2005 年の Nature 記事の次の頁には米国コロンビア大学のグループによる同様の報告が掲載されている[199].

グラフェンは電子が平面に閉じ込められているために,グラファイト,CNT やバルクカーボンなどと異なるバンド構造を持っている. すなわち,図 7.2 に示したように,伝導帯と価電子帯が,ディラック点と呼ばれる 1 点で交わる特異な構造をしている. グラフェン中の電子は,一種の自由状態であり,質量のない電子のような振る舞いをする. 電子とホールの移動度が同程度であり,両極性伝導体である. グラフェン中の電子は,室温でも長距離にわたって衝突せずに弾道のように移動することが可能となる. その結果,電流を導くグラフェン電子の能力は,室温のシリコンのような通常の半導体の能力をはるかに凌ぐことになる. Geim らは,キャリア移動度 10,000 cm^2/Vs を報告しており,これがノーベル賞につながる成果となった[197]. キャリア移動度はその後,200,000 cm^2/Vs が報告された(シリコンの約 100 倍).

グラフェンは電流密度耐性が 200,000,000 A/cm^2 (Cu の約 100 倍),熱伝導率は〜5,000 W/mK,弾性率は〜1,100 GPa,比表面積〜2,500

m^2/g であり，まさに極限機能を持ったナノ材料であることがわかる．この電子構造，特性から，次世代半導体（フレキシブル）デバイス，通信デバイス，エネルギー材料，高分子複合材料，スピントロニクス材料として大きな注目を集めている．

7.2 グラフェン研究の歴史

グラフェン研究の歴史を概観してみよう．鉛筆の芯に利用されているグラファイトは数百年以上の長い研究の歴史を持っており，電気を通す炭素材料として電極材料（グラファイト電極）などとして広く利用されてきた．ボルタモグラム測定など電気化学では，その電位窓の広さから頻繁に利用される．また，電池材料としての価値も高い．世界では100万トン以上の需要がある．グラファイトはマイカ（雲母）のように層状構造をなす2次元層状物質である．1970年代にはグラファイト層間に異種物質をインターカレートすることにより，高い伝導性や超伝導が発現することがわかり，特に材料科学者の関心を呼んだ．第二次世界大戦後，理論的な研究も進み，1947年にはグラフェンの電子構造理論が発表された．CNT同様，グラフェン研究においても日本人研究者が重要な研究足跡を残している．1971年水島らは，グラファイトからセロハンテープによる劈開により〜30層グラフェンを作製し，その電気伝導度，移動度，ホール係数を報告した[200]．吉澤ら[201]，藤田ら[202]，榎ら[203]のグラフェン端（エッジ）に関する理論と実験，安藤ら[204]の電子輸送現象の理論など多くの先駆的研究がわが国から報告されていることを強調しておきたい．なおグラフェンエッジについての詳細は文献[205]に詳しい．

7.3 グラフェンの層数の決定と分離精製

「合成したグラフェンは単層か，それとも多層か？」の決定はグラフェン研究において極めて重要である．一般的にこれらは原子間力顕微鏡（AFM），ラマン分光測定，光学顕微鏡観察で同定されることが多い．最も手軽なのは 90〜300 nm の酸化膜付シリコン基板上での光学顕微鏡観察であろう．SiO$_2$ 薄膜の上面（空気界面）と下面（Siとの界面）で起こる干渉効果を利用してグラフェンを観察する方法である．グラフェンが

存在することにより干渉条件が変化するため,基板と異なるコントラストを示す.このコントラストはグラフェン積層枚数によっても変化するので比較的容易に枚数の差を見分けることができる.見つけたグラフェンの位置情報を使って,リソグラフィーにより加工および電極取り付けを行い,物性測定を行うことも可能となる.ただし,光の透過の差を見ているため,透過の弱い積層枚数が多い場合(6枚~)は判別が困難になる短所がある.この場合,SEM が役に立つ場合がある.物質・材料研究機構の塚越らは,グラフェン付シリコン基板に電子線照射をすると層数が多いほど基板からの2次電子の量が減るため,うまく加速電圧を調整することで層数に応じたコントラストを得られることを報告している[206].この手法だと10層程度までのグラフェンの層数決定が可能である.ラマン分光法も層数決定において強力なツールとなる.単層グラフェンでは G' バンドが 2,678.8 cm^{-1} に現れ,層数が増えるごとに高波数にシフトし,ピークはブロードになる.さらに G バンドと G' バンドの比が,5層までは直線的に増加し,それ以上では飽和する事実も層数決定の有効な手がかりになる[207].マッピング機能が付いた顕微ラマン分光システムであれば,光学顕微鏡像と対応させた非常に信頼度の高い層数決定が可能である.観察範囲は狭くなるが AFM も層数決定に便利である.グラフェン1層は~0.34 nm であるので,高さ測定を行うことで層数決定ができる.ただし,大気下の観察では表面吸着水や静電気等の影響で必ずしも 0.34 nm とならない場合もあり,グラフェンステップが明瞭に確認できない場合は特に層数決定に注意が必要である.一方で,数 μm 以下のフレーク状になることが多い酸化グラフェンを観察する場合,光学顕微鏡での層数決定や形状観察が困難になるため,AFM が欠かせないツールであることは間違いない(図 **7.3**).

また,1層の酸化グラフェンは,官能基の存在により高さ 0.6~1 nm となる.得られた酸化グラフェンが数層の酸化グラフェン混合物であったとき,DGU を用いることで各層数ごとに分離することができる[208].最近の急速なグラフェン研究の発展は CNT 研究で培われた技術や知見の蓄積によるところも大きい.

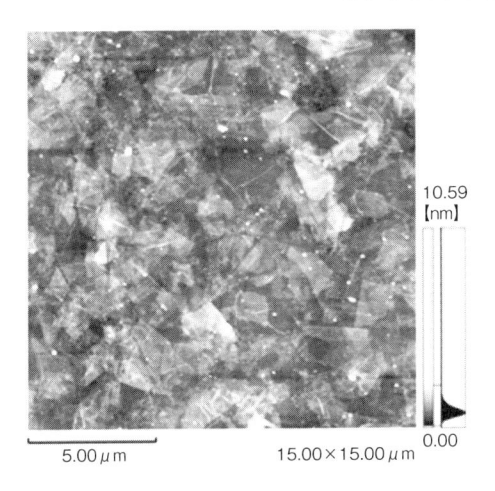

図 **7.3** GO 塗布膜 AFM 像.

7.4 グラフェンの作製

グラフェン合成には物理的方法と化学的方法がある．物理的方法としては，前述の HOPG からのセロハンテープによる剥離法が有名である．化学的方法としては，化学気相成長法 (CVD) (これはカーボンナノチューブと同じ手法である), SiC の熱分解，酸化グラフェン溶液の還元，カーボンナノチューブ切開法，多環芳香族化合物を利用した合成，ナノダイヤモンドからの合成などが挙げられる．以下ではこれらについて解説する．

7.4.1 機械的剥離法

HOPG を市販のセロハンテープで剥離後，テープを有機溶媒で溶解させるか基板に転写することで単層のグラフェンシートを作成する方法である．効率が良いとは言えないが非常にシンプルな方法で，高価な装置を必要としない点では魅力的である．セロハンテープの代わりにピンセットも用いられる．CNT を分散することでも知られていた N-メチルピロリドン (NMP) 中でグラファイトに 30 分程の超音波照射処理をすると，1~4 層グラフェンの分散液が得られる．NMP は CNT のみなら

ずグラフェンをも溶かす能力を持つ興味深い溶媒であることになる．界面活性剤やピレン誘導体溶液中で，HOPG に超音波照射することで物理的に剥離させ，単層グラフェン可溶化溶液を得ることもできる [209, 210]．これらは CNT の可溶化と全く同じ戦略である．

7.4.2 CVD 法

ニッケル，白金，イリジウムなどの様々な金属基板を用いた熱分解化学気相成長法（熱分解 CVD 法）でグラフェン合成が達成されている．炭素源としてメタンのような炭化水素化合物を用いる．一般に 800～1,000 ℃の高温で合成する．炭化水素が熱分解することで生じる炭素原子が金属に溶け込み，表面にグラフェンとして結晶析出する．冷却過程における析出を利用しているため，層数は冷却速度に依存し，特に単層グラフェンのみを得るためには急速冷却が必要となり制御が困難である．一方で銅箔上での熱分解 CVD ではほぼ 1 層からなるグラフェンが得られる．これはニッケルにおける生成メカニズムと異なり，炭素原子の溶け込みはほとんど起こらず，銅表面への炭素吸着を経て触媒作用により生成するためと考えられている．熱 CVD によるグラフェン合成は CNT 生成と共通点が多く，実際に富士通のグループはコバルト膜上での熱 CVD において初期にグラフェンが生成し，後に CNT が成長するためにグラフェンで「ふた」をされたような CNT 垂直配向膜を得ている [211]．

最近，米国ライス大学の Tour らは銅箔上にキャストした高分子フィルムの熱分解による単層グラフェンの作製に成功している．この場合，炭素源が高分子フィルムである必要は必ずしもなく，実際に彼らはその後，クッキー，チョコレート，昆虫の足，犬の糞など様々な物質を炭素源としてグラフェンの作製に成功している [212]．この研究をどうとらえるかは読み手に委ねるとして，科学的な重要性としては，銅がグラフェン作製に対して非常に優れた金属であるということであろう．

熱分解 CVD では炭化水素の分解に高温が必要となる短所がある．そこで，プラズマのエネルギーを利用して炭化水素の分解温度を下げてグラフェンを成長させる技術がプラズマ CVD 法である．この方法だと 400 ℃以下でグラフェンを得ることができる．膜質は必ずしも金属上の熱分解

CVD法で得られるグラフェンには及ばないが，導電性向上の観点からさらなる向上が必要なようである[213]．

7.4.3 炭化ケイ素 (SiC) の熱分解

炭化ケイ素 (SiC) の熱分解によりSi原子が選択的に脱離することで，過剰となった炭素原子がエピタキシャル成長し，単層グラフェンを合成する方法で，高純度なグラフェンが得られるのが特長である．この手法ではCVD法より高温の1,300～1,600℃が必要となるが，金属基板と異なりSiCが半絶縁性であるため，エレクトロニクスデバイスとして用いる際に絶縁基板への転写が必ずしも必要でなくなる利点がある．ただしSiC基板が高価であることやSiC基板のテラス領域での不均一な成長など解決すべき問題も多い．

7.4.4 酸化グラファイトの還元

最も化学的な方法であり古くから知られた合成法である．低コストで大量合成ができる．150年以上前から報告例があり，Brodie法，Staudenmaier法，Hummer法，改良Hummer法が知られている．しかし，単層グラフェンを意識した合成に注目が集まったのは2006年のRuoffらの報告以降であろう[214]．

基本は，グラファイトを硫酸／過硫酸カリウム／過マンガン酸カリウムなどの強酸で酸化し（酸化の程度は実験条件で変化できる），水酸基，カルボキシル基，エポキシ基，カルボニル基を含む水溶性の酸化グラファイト／グラフェン（コロイド溶液）を合成し，これに還元剤（ヒドラジンが一般的．ビタミンCも使える）[215]を加えて，あるいは光（カメラフラッシュ，レーザー含む）照射で薄層グラフェンを得る方法である（このとき界面活性剤やピレンアンモニウムなどの存在下で行うと薄層グラフェンの凝集を防ぐことができる）．サイズは数百nmが多いが，数μmサイズも可能である．水酸基やカルボキシル基の反応基があるため，これを利用して様々な「機能性グラフェン」を合成できるというメリットがある．しかし，酸化グラファイト／グラフェンの酸化度合い，および還元剤での還元（100％は進行しないため抵抗が～kΩと高い）の程度の

精密な定量化が困難という短所がある．

7.5　バンドギャップを持つグラフェンの合成

グラフェンはシリコンを 100 倍凌駕する 20 万 $cm^2/V\ sec$ のキャリア移動度や高いキャリア密度（$\sim 10^{13}/cm^2$）が得られている．移動度が大きいということはトランジスタのスイッチングが超高速でできるということを意味するため，大きな期待を集めている．ただし，この値はバンドギャップのない（スイッチが切れない）状態での値なので，移動度を落とすことなくバンドギャップを開け，デバイス化することが重要である．さらに，基板がある状態だと 4 万 $cm^2/V\ sec$（酸化シリコン上）まで下がるために，精密なバンド制御が必要である．理論計算からのアプローチによりグラフェンの (1) ナノリボン化，(2) 別の 1 層グラフェンとの 2 層化（2 層グラフェン），(3) ナノメッシュ化，(4) 化学修飾によるバンドギャップ生成などが予言されており，これに基づき実験的にも次々にバンドギャップの生成が報告されている．

7.5.1　グラフェンナノリボン (GNR) の合成

グラフェンは幅 10 nm 以下の擬 1 次元形状，いわゆるグラフェンナノリボン（GNR，図 **7.4**）にすることでバンドギャップが出現し，半導体として振る舞うことが理論的に予言された（図 7.2 (b)）[216]．この理論的予想は，電子線リソグラフィーを用いたグラフェンの加工による GNR

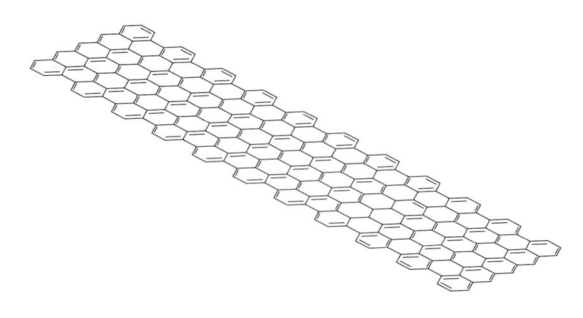

図 **7.4**　GNR の構造式．

作製により確かめられた [217,218]．リソグラフィー法は GNR 作成のほぼ唯一の方法と考えられていたが，2009 年の Nature 4 月号に CNT を縦に割いて GNR を作製する斬新な報告が 2 報同時に提出され，強烈なインパクトを与えた．米国スタンフォード大学の Dai らはポリメチルメタクリレート (PMMA) フィルムから部分的に露出させた MWNT をアルゴンプラズマエッチングすることで，MWNT を割いて GNR の作製に成功した [219]．一方，米国ライス大学の Tour らは酸処理という簡単な手法で MWNT を割くことができることを示した [220]．電子線リソグラフィーのように高価な装置を必要としないこれらの手法の出現は，安価で大量に合成する可能性を予感させてくれるものであった．Tour らの手法は簡単で高収率ではあるが，酸処理という比較的厳しい条件なためにリボン幅の細い GNR は酸化分解により残存せず，得られる幅 100 nm 以上の GNR にも多くの欠陥が存在する．その後の条件最適化により 100 nm 以下の GNR も高収率で合成されるようになってきており [221,222]，今後の展開に期待が持てる．実際に彼らは青山学院大学の春山や産業技術総合研究所の末永らと共同で GNR の高温水素アニーリングによっておよそ 100 nm 幅のナノリボンに～50 meV のバンドギャップを作り出し，これがリソグラフィーにより作製した GNR よりも高性能の FET デバイスとして動作することを報告している [223]．

一方，Dai らは熱処理した膨張黒鉛の分散溶液から幅 10～50 nm の GNR を共役系高分子である poly(m-phenylenevinylene-co-2,5-dioctoxy-p-phenylenevinylene) (PmPV：図 **7.5**) を用いて抽出した報告や [224]，CNT に空気酸化で「切れ込み」を入れてから PmPV 存在下超音波照射することで，収率よく CNT を「開いて」GNR 作製を行う極めてユニークなアプローチも報告している [225]．彼らのグループで得られた GNR を用いて作製された FET デバイスでは 10^7 に迫る極めて高

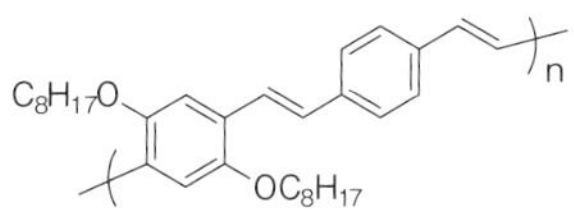

図 **7.5** PmPV の構造式．

いオンオフ比が得られている [224].

　多環芳香族化合物をモノマーとし，これを重合および縮環することで幅の定まったナノリボン様物質を合成する試みが Müllen らにより展開されている [226]．彼らは図 7.6 のように多環芳香族分子を金の結晶面上で加熱重合させることでベンゼン環三つ分の幅を持つグラフェンを作製し，走査型トンネル顕微鏡観察で構造を示した．また，有機合成によりベンゼン環四つ分の幅を持つグラフェンナノリボンをフラスコ中で合成することに成功している（図 7.7）．ところで，GNR には端の形状がアームチェア型とジグザグ型のものがあり，振る舞いが異なることがわかっている．化学合成された GNR はどちらもアームチェア型だが，端での磁性状態の出現などが予測されているジグザグ型の合成にも興味が持たれる．これらの化合物における物性評価はなされていないが，今後の測定結果に期待したい．GNR は半導体性発現の他，磁気抵抗効果を示す

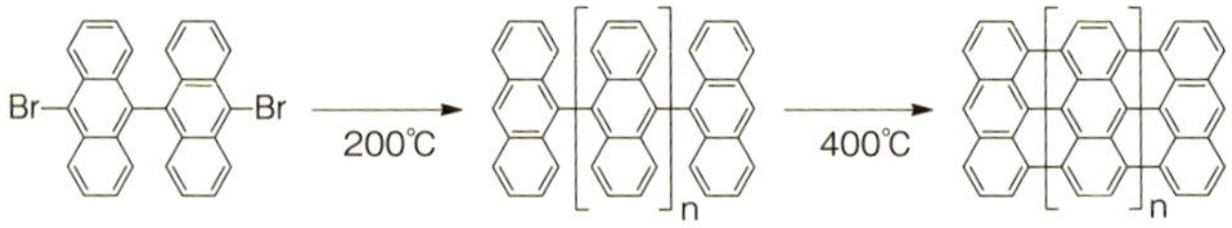

図 7.6　ベンゼン三つ分の幅を持つ GNR の合成．

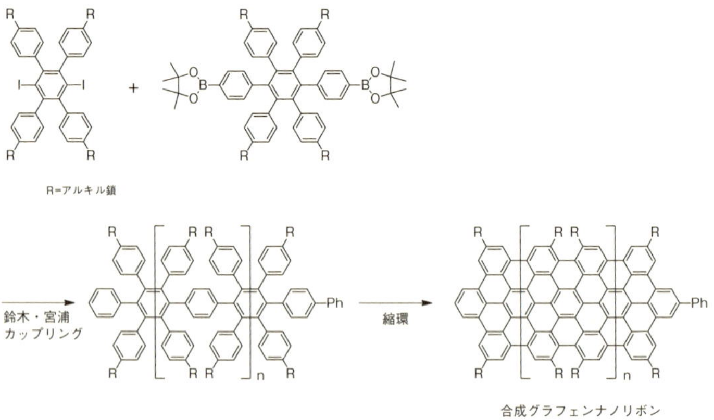

図 7.7　ベンゼン四つ分の幅を持つ GNR の合成．

ことなども報告され[227)]注目されていることから，次世代電子デバイス材料としてますます盛んに研究が行われるだろう．

7.5.2 2層グラフェンの利用

2層化したグラフェンに電界をかけることでもバンドギャップが生成することが知られている（図 7.2 (c)）．Zhangらはグラファイトからの剥離法で作製した2層グラフェンフレークをシリコン基板に固定し，層に垂直に電界を印加するとバンドギャップ (250 meV) が形成されることを示した[228)]．米国 IBM のグループにより2層グラフェンで作成された FET では，実際にオンオフ比=100以上の動作が室温で確認されている．このようなバンド構造の制御は移動度を下げることになるが，それでもシリコンを上回る移動度は確保できることが計算により予想されている[229)]．また，Wangらは2層水素化グラフェンへのバイアス電圧印加でバンドギャップを連続的に制御できることを計算により明らかにした[230)]．実際の動作や，移動度の測定がなされることに期待が寄せられている．最近，ライス大学の Tour らはシリコン基板上のニッケルに炭素源となる高分子を塗布し，1,000℃で焼成すると，炭素がニッケル層内を拡散し，シリコン基板とニッケル層との間に2層グラフェンを形成することを発見した[231)]．焼成の後にニッケルをエッチングで除去することで，シリコン基板上に2層グラフェンを得ることができる（図 **7.8**）．この手法であれば，電気炉さえあれば作製できることになり，非常に手軽で魅力的である．

7.5.3 ナノメッシュ化

グラフェンに規則的に穴を空けた「グラフェンナノメッシュ構造（図 **7.9**）」でもバンドギャップが形成される．グラフェンのナノメッシュ化に関しては，ブロック共重合体の生み出す規則的なパターンを利用して規則的な穴を開ける方法で達成されている[232)]．グラフェン上に塗布したブロックコポリマーの一方の成分をドライエッチングし，そのままグラフェンにパターンを描画する方法である．この手法は共重合比を制御することで穴の大きさや間隔を精密に制御することが可能であり，オンオ

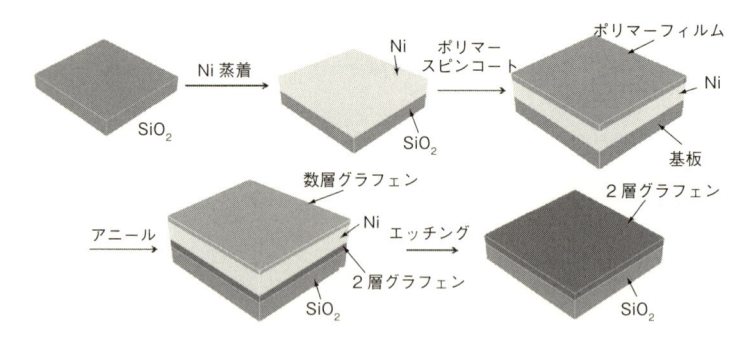

図 7.8 ニッケル薄膜（〜400 nm）への炭素拡散を利用した2層グラフェンの作製法スキーム．
出典：J. M. Tour, *ACS Nano*, 2011, **5**, 8241-8247.

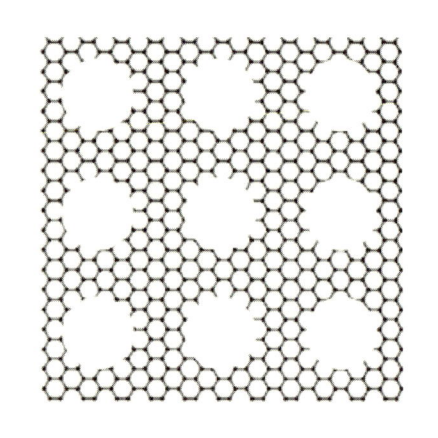

図 7.9 グラフェンナノメッシュ構造の模式図．

フ比を制御することができる．トランジスタ特性を最適化する上で自由度が高い方法と言えよう．また，ナノインプリントリソグラフィー法やコロイドリソグラフィー法を用いてもグラフェンナノメッシュ構造を作製できる[233,234]．このようなソフトリソグラフィーとの融合はグラフェンの2次元平面形状ゆえに適応できた技術であり，CNTにはないグラフェンの魅力の一つである．

7.5.4 化学的手法

グラフェン表面への水素化やフッ素化反応によりバンドギャップが形成される．マンチェスター大学の Geim, Novoselov らは 2009 年にグラフェンを水素化する（Graphane と呼んでいる）と絶縁体になることを報告している [235]．また，ペンシルベニア州立大学のグループによりフッ素化グラフェン（白色粉末）がワイドギャップ半導体として振る舞うことが報告されている [236]．これらの化学修飾グラフェンはともに脱官能基化してグラフェンに戻せることから，グラフェンをプラットフォームとしたバンドギャップ制御が種々の化学修飾で可能であることを示唆している．化学的視点から，そのような化合物の安定性も非常に興味深い．

7.6 グラフェンの応用

7.6.1 フレキシブル透明電極

1 原子分の厚みからなるグラフェン 1 枚は高い透明性と導電性を有すると期待できることから，特に透明導電性膜の有望な候補と期待されている．計算では表面抵抗値はドープすることで層の数 (N) に応じて $R_s = 62.4/N\Omega/\square$ で透過率 $T(\%)$ は $T = 100 - 2.3N(\%)$ と予想されている．例えば 1 層のグラフェンでは 62.4 $\Omega/\square$，97.7% となり，数層重ねることで太陽電池用透明電極用途 (10 $\Omega/\square$) にも使えると予想される．大面積のグラフェン薄膜を作製するには溶媒分散性の比較的良い，大きさ数十 nm～数十 μm 程度のフレーク状のグラフェン（または酸化グラフェン）を所望の基板に塗布するウェットプロセスと，金属基板上に CVD 成長させたグラフェンを透明基板に張り合わせるドライプロセスがある．溶液法は CNT 薄膜作製と同様なプロセスが転用できるが，分散の段階で多かれ少なかれ酸化されたグラフェンを完全に還元する作業が必要となる点で煩雑さが伴う．また，電子がフレーク状グラフェンどうしの重なり部分を伝播することを考えると，効率良く敷き詰まったグラフェンの薄膜を作製する技術が必要となる．それに対して後者の方法では純度の良いグラフェンを切れ目なく作製できる長所がある．2010 年，韓国成均館大学の Bae らは，銅箔上に成長させポリマー基板に転写した 30 インチのグラフェン薄膜で 30 $\Omega/\square$，90% を達成して研究者を驚

かせた．これは市販の ITO に匹敵する高い光透過性と高い電気伝導度を示している．プロセスの簡略化により CNT 同様，ITO 代替材料として期待がもたれる．ところで，電気伝導度はキャリア素量とキャリア密度，およびキャリア移動度の積で表されるが，グラフェンは非常に高いキャリア移動度を持つ反面，ITO や金属よりキャリア密度が小さい．このことは電気伝導度の面からは不利であるが，プラズマ振動からくる長波長側の吸収が小さいことを意味し，効率の良い光吸収が必要な太陽電池用透明電極用途には有利となる．ITO においては高いキャリア密度のために波長 1,000 nm 以上の長波長領域における透過率が急激に落ち，2,000 nm 付近まである太陽光のエネルギーの利用には不利になること予想されている．グラフェンを使った太陽電池用透明電極にかかる期待は非常に大きい．

7.6.2 トランジスタ

一方，グラフェンは次世代半導体デバイスとしても極めて有望である．半導体 SWNT も同様に有望視されていたが，基板上に配線するという現実問題を考えたときに現行のプロセスに乗せることはできなかった．加工の問題を考えたときに，2 次元平面であるグラフェンは，2 次元基板平面上にリソグラフィーベースでデバイスを作りこむ現行のトップダウン型プロセスにとって非常に好都合である．実際に炭化シリコン上に成長させた数層グラフェン膜上にレジストを塗布し，電子リソグラフィーと酸化エッチングを組み合わせることでグラフェンの必要部分だけを残し電極を取り付けるといった手法でデバイス作製が行われている．IBM のグループはこの手法により作成したグラフェントランジスタで遮断周波数百 GHz を達成している [237]．特記すべきことは，このグラフェントランジスタはゲート長 240 nm と比較的長いが，同じゲート長のシリコントランジスタではその半分に満たない周波数しか達成されていないので，さらなる微細化でさらに高周波で動作するデバイスが作成できる可能性が極めて高い．実際に米国 UCLA 大学からのゲート長 144 nm で 300 GHz の報告など，高い性能を示すデバイスの報告が出始めている [238]．その他，グラフェンは有機半導体の電極として用いた場合，有機半導体

同様，電荷がπ電子共役系で移動するために金電極では得られない良好なオーミック接触が得られることから，半導体グラフェンの電極としても使えるだろう．オールグラフェン半導体デバイスなども実用化されるかもしれない．

7.6.3 スピン輸送デバイス

スピン輸送デバイスとは電子のスピンの向きを制御して伝播させるデバイスである．電子の持つ電荷に加えてスピンの向きも利用して従来のエレクトロニクスを高機能化させようというスピントロニクスという分野では，スピン輸送デバイスが必須になる．これまでシリコンやガリウムヒ素などの半導体を中心として研究されていたが，極低温のみでの実現にとどまっていた．グラフェンは軽元素である炭素しか含まないことから，グラフェン内の電子はそのスピンが原子核による撹乱を受けにくい（スピン–軌道相互作用が小さく，電子の平均自由行程が長い）．そのためグラフェン中ではスピンの向きをほとんど変えることなく長距離を伝播させることが可能となる．大阪大学の白石らは，室温でグラフェンへスピンを注入し，スピンが揃った状態で電子が拡散していることを電気的に検出することに成功している[239]．グラフェンは非磁性体であるにも関わらず，磁石（スピン）の向きを変えずに流せる稀有な物質ということになる．これまでのグラフェンの研究において，ほとんどのアプリケーションは CNT に置き換え可能であったが，室温スピン輸送はグラフェンのみで見出されている現象である．同様な研究が同じ年に海外のグループからも報告されており[240,241]，極めて競争の激しい分野であると言えよう．

引用・参考文献

1) S. Iijima, *Nature*, 1991, **354**, 56-58.
2) S. Iijima and T. Ichihashi, *Nature*, 1993, **363**, 603-605.
3) J. Walz, *Appl. Phys. Lett.*, 1998, **73**, 2579.
4) H. M. Cheng, F. Li, G. Su, H. Y. Pan, L. L. He, X. Sun and M. S. Dresselhaus, *Appl. Phys. Lett.*, 1998, **72**, 3282-3284.
5) P. Nikolaev, M. J. Bronikowski, R. K. Bradley, F. Rohmund, D. T. Colbert, K. A. Smith and R. E. Smalley, *Chem. Phys. Lett.*, 1999, **313**, 91-97.
6) T. Saito, S. Ohshima, W.-C. Xu, H. Ago, M. Yumura and S. Iijima, *J. Phys. Chem. B*, 2005, **109**, 10647-10652.
7) H. Ago, S. Ohshima, K. Uchida and M. Yumura, *J. Phys. Chem. B*, 2001, **105**, 10453-10456.
8) T. Saito, W.-C. Xu, S. Ohshima, H. Ago, M. Yumura and S. Iijima, *J. Phys. Chem. B*, 2006, **110**, 5849-5853.
9) Y. Murakami, Y. Miyauchi, S. Chiashi and S. Maruyama, *Chem. Phys. Lett.*, 2003, **377**, 49-54.
10) Y. Murakami, S. Chiashi, Y. Miyauchi, M. Hu, M. Ogura, T. Okubo and S. Maruyama, *Chem. Phys. Lett.*, 2004, **385**, 298-303.
11) K. Hata, D. N. Futaba, K. Mizuno, T. Namai, M. Yumura and S. Iijima, *Science*, 2004, **306**, 1362-1364.
12) S. Maruyama, E. Einarsson, Y. Murakami and T. Edamura, *Chem. Phys. Lett.*, 2005, **403**, 320-323.
13) X. Zhang, Q. Li, Y. Tu, Y. Li, J. Y. Coulter, L. Zheng, Y. Zhao, Q. Jia, D. E. Peterson and Y. Zhu, *Small*, 2007, **3**, 244-248.
14) M. Motta, Li, I. Kinloch and A. Windle, *Nano Lett.*, 2005, **5**, 1529-1533.
15) W. Ma, L. Liu, Z. Zhang, R. Yang, G. Liu, T. Zhang, X. An, X. Yi, Y. Ren, Z. Niu, J. Li, H. Dong, W. Zhou, P. M. Ajayan and S. Xie, *Nano Lett.*, 2009, **9**, 2855-2861.
16) M. Zhang, K. R. Atkinson and R. H. Baughman, *Science*, 2004, **306**, 1358-1361.

17) Y.-L. Li, I. A. Kinloch and A. H. Windle, *Science*, 2004, **304**, 276-278.
18) L. A. Girifalco, M. Hodak and R. S. Lee, *Phys. Rev. B*, 2000, **62**, 13104.
19) K. A. Williams and P. C. Eklund, *Chem. Phys. Lett.*, 2000, **320**, 352-358.
20) T. Hiraoka, A. Izadi-Najafabadi, T. Yamada, D. N. Futaba, S. Yasuda, O. Tanaike, H. Hatori, M. Yumura, S. Iijima and K. Hata, *Adv. Funct. Mater.*, 2010, **20**, 422-428.
21) K. Mizuno, J. Ishii, H. Kishida, Y. Hayamizu, S. Yasuda, D. N. Futaba, M. Yumura and K. Hata, *Proc. Natl. Acad. Sci. U. S. A.*, 2009, **106**, 6044-6047.
22) Z.-P. Yang, L. Ci, J. A. Bur, S.-Y. Lin and P. M. Ajayan, *Nano Lett.*, 2008, **8**, 446-451.
23) D. A. Heller, S. Baik, T. E. Eurell and M. S. Strano, *Adv. Mater.*, 2005, **17**, 2793-2799.
24) P. J. Boul, J. Liu, E. T. Mickelson, C. B. Huffman, L. M. Ericson, I. W. Chiang, K. A. Smith, D. T. Colbert, R. H. Hauge, J. L. Margrave and R. E. Smalley, *Chem. Phys. Lett.*, 1999, **310**, 367-372.
25) J. Liu, M. J. Casavant, M. Cox, D. A. Walters, P. Boul, W. Lu, A. J. Rimberg, K. A. Smith, D. T. Colbert and R. E. Smalley, *Chem. Phys. Lett.*, 1999, **303**, 125-129.
26) K. D. Ausman, R. Piner, O. Lourie, R. S. Ruoff and M. Korobov, *J. Phys. Chem. B*, 2000, **104**, 8911-8915.
27) J. L. Bahr, E. T. Mickelson, M. J. Bronikowski, R. E. Smalley and J. M. Tour, *Chem. Commun.*, 2001, 193-194.
28) C. A. Furtado, U. J. Kim, H. R. Gutierrez, L. Pan, E. C. Dickey and P. C. Eklund, *J. Am. Chem. Soc.*, 2004, **126**, 6095-6105.
29) B. J. Landi, H. J. Ruf, J. J. Worman and R. P. Raffaelle, *J. Phys. Chem. B*, 2004, **108**, 17089-17095.
30) D. S. Kim, D. Nepal and K. E. Geckeler, *Small*, 2005, **1**, 1117-1124.
31) Q. Li, I. A. Kinloch and A. H. Windle, *Chem. Commun.*, 2005, 3283-3285.
32) S. Giordani, S. Bergin, V. Nicolosi, S. Lebedkin, W. J. Blau and J. N. Coleman, *Phys. Status Solidi B*, 2006, **243**, 3058-3062.
33) Y. Hernandez, V. Nicolosi, M. Lotya, F. M. Blighe, Z. Sun, S. De, I. T. McGovern, B. Holland, M. Byrne, Y. K. Gun'Ko, J. J. Boland, P. Niraj, G. Duesberg, S. Krishnamurthy, R. Goodhue, J. Hutchison, V. Scardaci, A. C. Ferrari and J. N. Coleman, *Nat. Nanotech.*, 2008, **3**, 563-568.
34) U. Khan, H. Porwal, A. O'Neill, K. Nawaz, P. May and J. N. Coleman, *Langmuir*, 2011, **27**, 9077-9082.

35) D. Tasis, N. Tagmatarchis, A. Bianco and M. Prato, *Chem. Rev.*, 2006, **106**, 1105-1136.
36) K. Balasubramanian and M. Burghard, *Small*, 2005, **1**, 180-192.
37) D. Tasis, N. Tagmatarchis, V. Georgakilas and M. Prato, *Chem. Eur. J.*, 2003, **9**, 4000-4008.
38) S. Rana and J. W. Cho, *Nanoscale*, 2010, **2**, 2550-2556.
39) I. Kumar, S. Rana and J. W. Cho, *Chemistry - A European Journal*, 2011, **17**, 11092-11101.
40) N. Wakamatsu, H. Takamori, T. Fujigaya and N. Nakashima, *Adv. Funct. Mater.*, 2009, **19**, 311-316.
41) T. Fujigaya and N. Nakashima, *Polymer J.*, 2008, **40**, 577-589.
42) H. Murakami, T. Nomura and N. Nakashima, *Chem. Phys. Lett.*, 2003, **378**, 481-485.
43) Y. Tomonari, H. Murakami and N. Nakashima, *Chem. Eur. J.*, 2006, **12**, 4027-4034.
44) J. Yoo, H. Ozawa, T. Fujigaya and N. Nakashima, *Nanoscale*, 2011, **3**, 2517-2522.
45) Y. Kang and T. A. Taton, *J. Am. Chem. Soc.*, 2003, **125**, 5650-5651.
46) E. Nativ-Roth, R. Shvartzman-Cohen, C. Bounioux, M. Florent, D. Zhang, I. Szleifer and R. Yerushalmi-Rozen, *Macromolecules*, 2007, **40**, 3676-3685.
47) L. Lu, Z. Zhou, Y. Zhang, S. Wang and Y. Zhang, *Carbon*, 2007, **45**, 2621-2627.
48) K. J. Gilmore, S. E. Moulton and G. G. Wallace, *Carbon*, 2007, **45**, 402-410.
49) I. Cotiuga, F. Picchioni, U. S. Agarwal, D. Wouters, J. Loos and P. J. Lemstra, *Macromol. Rapid Commun.*, 2006, **27**, 1073-1078.
50) N. N. Slusarenko, B. Heurtefeu, M. Maugey, C. Zakri, P. Poulin and S. Lecommandoux, *Carbon*, 2007, **45**, 903.
51) H.-i. Shin, B. G. Min, W. Jeong and C. Park, *Macromol. Rapid Commun.*, 2005, **26**, 1451-1457.
52) G. Mountrichas, S. Pispas and N. Tagmatarchis, *Small*, 2007, **3**, 404-407.
53) G. Mountrichas, N. Tagmatarchis and S. Pispas, *J. Phys. Chem. B*, 2007, **111**, 8369-8372.
54) R. Shvartzman-Cohen, Y. Levi-Kalisman, E. Nativ-Roth and R. Yerushalmi-Rozen, *Langmuir*, 2004, **20**, 6085-6088.
55) R. Shvartzman-Cohen, E. Nativ-Roth, E. Baskaran, Y. Levi-Kalisman, I. Szleifer and R. Yerushalmi-Rozen, *J. Am. Chem. Soc.*, 2004, **126**, 14850-14857.
56) Z. Wang, Q. Liu, H. Zhu, H. Liu, Y. Chen and M. Yang, *Carbon*,

2007, **45**, 285-292.
57) P. Petrov, F. Stassin, C. Pagnoulle and R. Jerome, *Chem. Commun.*, 2003, 2904-2905.
58) X. Lou, R. Daussin, S. Cuenot, A.-S. Duwez, C. Pagnoulle, C. Detrembleur, C. Bailly and R. Jerome, *Chem. Mater.*, 2004, **16**, 4005-4011.
59) N. Nakashima, S. Okuzono, Y. Tomonari and H. Murakami, Trans. *Mater. Res. Soc. Jpn.*, 2004, **29**, 525-528.
60) W. Z. Yuan, J. Z. Sun, Y. Dong, M. Haeussler, F. Yang, H. P. Xu, A. Qin, J. W. Y. Lam, Q. Zheng and B. Z. Tang, *Macromolecules*, 2006, **39**, 8011-8020.
61) G. J. Bahun, C. Wang and A. Adronov, *J. Polym. Sci., Part A: Polym. Chem.*, 2006, **44**, 1941-1951.
62) D. Wang, W.-X. Ji, Z.-C. Li and L. Chen, *J. Am. Chem. Soc.*, 2006, **128**, 6556-6557.
63) W. Z. Yuan, Y. Mao, H. Zhao, J. Z. Sun, H. P. Xu, J. K. Jin, Q. Zheng and B. Z. Tang, *Macromolecules*, 2008, **41**, 701-707.
64) M. Okamoto, T. Fujigaya and N. Nakashima, *Adv. Funct. Mater.*, 2008, **18**, 1776-1782.
65) N. Nakashima, S. Okuzono, H. Murakami, T. Nakai and K. Yoshikawa, *Chem. Lett.*, 2003, **32**, 456-457.
66) M. Zheng, A. Jagota, D. Semke Ellen, A. Diner Bruce, S. McLean Robert, R. Lustig Steve, E. Richardson Raymond and G. Tassi Nancy, *Nat. Mater.*, 2003, **2**, 338-342.
67) Y. Yamamoto, T. Fujigaya, Y. Niidome and N. Nakashima, *Nanoscale*, 2010, **2**, 1767-1772.
68) D. Paolucci, M. M. Franco, M. Iurlo, M. Marcaccio, M. Prato, F. Zerbetto, A. Pénicaud and F. Paolucci, *J. Am. Chem. Soc.*, 2008, **130**, 7393-7399.
69) L. Kavan, P. Rapta and L. Dunsch, *Chem. Phys. Lett.*, 2000, **328**, 363-368.
70) S. Kazaoui, N. Minami, N. Matsuda, H. Kataura and Y. Achiba, *Appl. Phys. Lett.*, 2001, **78**, 3433-3435.
71) L. Kavan, P. Rapta, L. Dunsch, M. J. Bronikowski, P. Willis and R. E. Smalley, *J. Phys. Chem. B*, 2001, **105**, 10764-10771.
72) K.-i. Okazaki, Y. Nakato and K. Murakoshi, *Phys. Rev. B*, 2003, **68**, 354341-354345.
73) Y. Tanaka, Y. Hirana, Y. Niidome, K. Kato, S. Saito and N. Nakashima, *Angew. Chem. Int. Ed.*, 2009, **48**, 7655-7659.
74) Y. Hirana, Y. Tanaka, Y. Niidome and N. Nakashima, *J. Am. Chem. Soc.*, 2010, **132**, 13072-13077.
75) S. Campidelli, M. Meneghetti and M. Prato, *Small*, 2007, **3**, 1672-

1676.
76) S. Toyoda, Y. Yamaguchi, M. Hiwatashi, Y. Tomonari, H. Murakami and N. Nakashima, *Chem. Asian J.*, 2007, **2**, 145-149.
77) R. Krupke, F. Hennrich, H. V. Loehneysen and M. M. Kappes, *Science*, 2003, **301**, 344-347.
78) T. Tanaka, H. Jin, Y. Miyata and H. Kataura, *Appl. Phys. Express*, 2008, **1**, 1140011-1140013.
79) T. Tanaka, H. Jin, Y. Miyata, S. Fujii, H. Suga, Y. Naitoh, T. Minari, T. Miyadera, K. Tsukagoshi and H. Kataura, *Nano Lett.*, 2009, **9**, 1497.
80) T. Tanaka, Y. Urabe, D. Nishide and H. Kataura, *Appl. Phys. Express*, 2009, **2**.
81) M. S. Arnold, A. A. Green, J. F. Hulvat, S. I. Stupp and M. C. Hersam, *Nat. Nanotech.*, 2006, **1**, 60-65.
82) M. C. LeMieux, M. Roberts, S. Barman, Y. W. Jin, J. M. Kim and Z. Bao, *Science*, 2008, **321**, 101-104.
83) G. Hong, M. Zhou, R. Zhang, S. Hou, W. Choi, Y. S. Woo, J.-Y. Choi, Z. Liu and J. Zhang, *Angew. Chem. Int. Ed.*, 2011, **50**, 6819-6823.
84) A. Nish, J.-Y. Hwang, J. Doig and R. J. Nicholas, *Nat. Nanotech.*, 2007, **2**, 640-646.
85) F. Chen, B. Wang, Y. Chen and L.-J. Li, *Nano Lett.*, 2007, **7**, 3013-3017.
86) H. Ozawa, T. Fujigaya, Y. Niidome, N. Hotta, M. Fujiki and N. Nakashima, *J. Am. Chem. Soc.*, 2011, **133**, 2651-2657.
87) N. Izard, S. Kazaoui, K. Hata, T. Okazaki, T. Saito, S. Iijima and N. Minami, *Appl. Phys. Lett.*, 2008, **92**, 243112-243113.
88) D. J. Bindl, M.-Y. Wu, F. C. Prehn and M. S. Arnold, *Nano Lett.*, 2010, **11**, 455-460.
89) X. Tu, S. Manohar, A. Jagota and M. Zheng, *Nature*, 2009, **460**, 250.
90) X. Tu, A. R. Hight Walker, C. Y. Khripin and M. Zheng, *J. Am. Chem. Soc.*, 2011, **133**, 12998-13001.
91) Y. Kato, Y. Niidome and N. Nakashima, *Angew. Chem. Int. Ed.*, 2009, **48**, 5435-5438.
92) S. Ghosh, S. M. Bachilo and R. B. Weisman, *Nat. Nanotech.*, 2010, **5**, 443-450.
93) D. A. Heller, E. S. Jeng, T.-K. Yeung, B. M. Martinez, A. E. Moll, J. B. Gastala and M. S. Strano, *Science*, 2006, **311**, 508-511.
94) E. S. Jeng, A. E. Moll, A. C. Roy, J. B. Gastala and M. S. Strano, *Nano Lett.*, 2006, **6**, 371-375.
95) J. N. Barisci, M. Tahhan, G. G. Wallace, S. Badaire, T. Vaugien, M. Maugey and P. Poulin, *Adv. Funct. Mater.*, 2004, **14**, 133-138.

96) A. Ishibashi, Y. Yamaguchi, H. Murakami and N. Nakashima, *Chem. Phys. Lett.*, 2006, **419**, 574-577.
97) Y. Liu, Z. Yao and A. Adronov, *Macromolecules*, 2005, **38**, 1172-1179.
98) X. Lou, C. Detrembleur, V. Sciannamea, C. Pagnoulle and R. Jérôme, *Polymer*, 2004, **45**, 6097-6102.
99) S. Qin, D. Qin, W. T. Ford, D. E. Resasco and J. E. Herrera, *Macromolecules*, 2004, **37**, 752-757.
100) D. Baskaran, J. W. Mays and M. S. Bratcher, *Angew. Chem. Int. Ed.*, 2004, **43**, 2138-2142.
101) C. Gao, C. D. Vo, Y. Z. Jin, W. Li and S. P. Armes, *Macromolecules*, 2005, **38**, 8634-8648.
102) S. Qin, D. Qin, W. T. Ford, D. E. Resasco and J. E. Herrera, *J. Am. Chem. Soc.*, 2004, **126**, 170-176.
103) J. Cui, W. Wang, Y. You, C. Liu and P. Wang, *Polymer*, 2004, **45**, 8717-8721.
104) G.-J. Wang, S.-Z. Huang, Y. Wang, L. Liu, J. Qiu and Y. Li, *Polymer*, 2007, **48**, 728-733.
105) C.-Y. Hong, Y.-Z. You and C.-Y. Pan, *Chem. Mater.*, 2005, **17**, 2247-2254.
106) G.-X. Chen, H.-S. Kim, B. H. Park and J.-S. Yoon, *Macromol. Chem. Phys.*, 2007, **208**, 389-398.
107) S. J. Park, M. S. Cho, S. T. Lim, H. J. Choi and M. S. Jhon, *Macromol. Rapid Commun.*, 2003, **24**, 1070-1073.
108) Z. Jia, Z. Wang, C. Xu, J. Liang, B. Wei, D. Wu and S. Zhu, *Materials Science and Engineering*: A, 1999, **271**, 395-400.
109) P. Petrov, X. Lou, C. Pagnoulle, C. Jérôme, C. Calberg and R. Jérôme, *Macromol. Rapid Commun.*, 2004, **25**, 987-990.
110) D. Wei, C. Kvarnstroem, T. Lindfors and A. Ivaska, *Electrochem. Commun.*, 2007, **9**, 206-210.
111) Z. Spitalsky, D. Tasis, K. Papagelis and C. Galiotis, *Prog. Polym. Sci.*, 2010, **35**, 357-401.
112) N. G. Sahoo, S. Rana, J. W. Cho, L. Li and S. H. Chan, *Prog. Polym. Sci.*, 2010, **35**, 837-867.
113) C. M. Homenick, G. Lawson and A. Adronov, *Polymer Reviews (Philadelphia, PA, United States)*, 2007, **47**, 265-290.
114) W. Zhou, P. A. Heiney, H. Fan, R. E. Smalley and J. E. Fischer, *J. Am. Chem. Soc.*, 2005, **127**, 1640-1641.
115) T. Fukushima, A. Kosaka, Y. Ishimura, T. Yamamoto, T. Takigawa, N. Ishii and T. Aida, *Science*, 2003, **300**, 2072-2075.
116) B. P. Grady, F. Pompeo, R. L. Shambaugh and D. E. Resasco, *J. Phys. Chem. B*, 2002, **106**, 5852-5858.

117) F. Zhang, H. Zhang, Z. Zhang, Z. Chen and Q. Xu, *Macromolecules*, 2008, **41**, 4519-4523.
118) H. Koerner, G. Price, N. A. Pearce, M. Alexander and R. A. Vaia, *Nat. Mater.*, 2004, **3**, 115.
119) D. Eder, *Chem. Rev.*, 2010, **110**, 1348-1385.
120) J. Sun, L. Gao and M. Iwasa, *Chem. Commun.*, 2004, 832-833.
121) L. Cao, F. Scheiba, C. Roth, F. Schweiger, C. Cremers and U. Stimming, *Angew. Chem. Int. Ed.*, 2006, **45**, 5315-5319.
122) D. Q. Yang, B. Hennequin and E. Sacher, *Chem. Mater.*, 2006, **18**, 5033-5038.
123) D. Eder and A. H. Windle, *J. Mater. Chem.*, 2008, **18**, 2036-2043.
124) D. M. Guldi, G. M. A. Rahman, N. Jux, N. Tagmatarchis and M. Prato, *Angew. Chem. Int. Ed.*, 2004, **43**, 5526-5530.
125) R. J. Chen, Y. Zhang, D. Wang and H. Dai, *J. Am. Chem. Soc.*, 2001, **123**, 3838-3839.
126) A. Carrillo, J. A. Swartz, J. M. Gamba, R. S. Kane, N. Chakrapani, B. Wei and P. M. Ajayan, *Nano Lett.*, 2003, **3**, 1437-1440.
127) D. Wang, Z.-C. Li and L. Chen, *J. Am. Chem. Soc.*, 2006, **128**, 15078-15079.
128) C. P. R. Dockendorf, D. Poulikakos, G. Hwang, B. J. Nelson and C. P. Grigoropoulos, *Appl. Phys. Lett.*, 2007, **91**, 243118/243111-243118/243113.
129) X. Han, Y. Li and Z. Deng, *Adv. Mater.*, 2007, **19**, 1518-1522.
130) S. Wang, X. Wang and S. P. Jiang, *Langmuir*, 2008, **24**, 10505-10512.
131) Y. L. Hsin, K. C. Hwang and C.-T. Yeh, *J. Am. Chem. Soc.*, 2007, **129**, 9999-10010.
132) P. Cherukuri, S. M. Bachilo, S. H. Litovsky and R. B. Weisman, *J. Am. Chem. Soc.*, 2004, **126**, 15638-15639.
133) N. W. S. Kam, M. O'Connell, J. A. Wisdom and H. Dai, *Proc. Natl. Acad. Sci. U. S. A.*, 2005, **102**, 11600-11605.
134) N. Kam, S. Wong, M. O'Connell, J. A. Wisdom and H. Dai, *Proc. Natl. Acad. Sci. U. S. A.*, 2005, **102**, 11600-11605.
135) K. Welsher, Z. Liu, D. Daranciang and H. Dai, *Nano Lett.*, 2008, **8**, 586-590.
136) Z. Liu, X. Li, S. M. Tabakman, K. Jiang, S. Fan and H. Dai, *J. Am. Chem. Soc.*, 2008, **130**, 13540-13541.
137) D. Pantarotto, J.-P. Briand, M. Prato and A. Bianco, *Chem. Commun.*, 2004, 16-17.
138) T. K. Leeuw, R. M. Reith, R. A. Simonette, M. E. Harden, P. Cherukuri, D. A. Tsyboulski, K. M. Beckingham and R. B. Weisman, *Nano Lett.*, 2007, **7**, 2650-2654.

139) K. Welsher, Z. Liu, S. P. Sherlock, J. T. Robinson, Z. Chen, D. Daranciang and H. Dai, *Nat. Nanotech.*, 2009, **4**, 773-780.
140) C. Zavaleta, A. de la Zerda, Z. Liu, S. Keren, Z. Cheng, M. Schipper, X. Chen, H. Dai and S. S. Gambhir, *Nano Lett.*, 2008, **8**, 2800-2805.
141) A. De La Zerda, C. Zavaleta, S. Keren, S. Vaithilingam, S. Bodapati, Z. Liu, J. Levi, B. R. Smith, T.-J. Ma, O. Oralkan, Z. Cheng, X. Chen, H. Dai, B. T. Khuri-Yakub and S. S. Gambhir, *Nat. Nanotech.*, 2008, **3**, 557-562.
142) F. E. Alemdaroglu, N. C. Alemdaroglu, P. Langguth and A. Herrmann, *Macromol. Rapid Commun.*, 2008, **29**, 326-329.
143) Z. Liu, A. C. Fan, K. Rakhra, S. Sherlock, A. Goodwin, X. Chen, Q. Yang, D. W. Felsher and H. Dai, *Angew. Chem. Int. Ed.*, 2009, **48**, 7668-7672.
144) Z. Liu, W. Cai, L. He, N. Nakayama, K. Chen, X. Sun, X. Chen and H. Dai, *Nat. Nanotech.*, 2007, **2**, 47-52.
145) A. A. Bhirde, V. Patel, J. Gavard, G. Zhang, A. A. Sousa, A. Masedunskas, R. D. Leapman, R. Weigert, J. S. Gutkind and J. F. Rusling, *ACS Nano*, 2009, **3**, 307-316.
146) L. Nastassja, C. Vicki and D. Rebekah, *Small*, 2008, **4**, 26-49.
147) C. A. Poland, R. Duffin, I. Kinloch, A. Maynard, W. A. H. Wallace, A. Seaton, V. Stone, S. Brown, W. MacNee and K. Donaldson, *Nat. Nanotech.*, 2008, **3**, 423-428.
148) Y. Noguchi, T. Fujigaya, Y. Niidome and N. Nakashima, *Chem. Phys. Lett.*, 2008, **455**, 249-251.
149) T.-I. Chao, S. Xiang, C.-S. Chen, W.-C. Chin, A. J. Nelson, C. Wang and J. Lu, *Biochem. Biophys. Res. Commun.*, 2009, **384**, 426-430.
150) V. Lovat, D. Pantarotto, L. Lagostena, B. Cacciari, M. Grandolfo, M. Righi, G. Spalluto, M. Prato and L. Ballerini, *Nano Lett.*, 2005, **5**, 1107-1110.
151) T. Sada, T. Fujigaya, Y. Niidome, K. Nakazawa and N. Nakashima, *ACS Nano*, 2011, **5**, 4414-4421.
152) T. Fujigaya, M. Okamoto and N. Nakashima, *Carbon*, 2009, **47**, 3227-3232.
153) M. Okamoto, T. Fujigaya and N. Nakashima, *Small*, 2009, **5**, 735-740.
154) K. Matsumoto, T. Fujigaya, H. Yanagi and N. Nakashima, *Adv. Funct. Mater.*, 2011, n/a-n/a.
155) C. L. Pint, Z. Sun, S. Moghazy, Y.-Q. Xu, J. M. Tour and R. H. Hauge, *ACS Nano*, 2011, **5**, 6925-6934.
156) L. Qu, Y. Liu, J.-B. Baek and L. Dai, *ACS Nano*, 2010, **4**, 1321-1326.
157) T. Fujigaya, T. Uchinoumi, K. Kaneko and N. Nakashima, *Chem. Commun.*, 2011, **47**, 6843-6845.

158) X. Xu, S. Jiang, Z. Hu and S. Liu, *ACS Nano*, 2010, **4**, 4292-4298.
159) D. H. Lee, J. A. Lee, W. J. Lee and S. O. Kim, *Small*, 2011, **7**, 95-100.
160) L. G. Bulusheva, A. V. Okotrub, A. G. Kurenya, H. Zhang, H. Zhang, X. Chen and H. Song, *Carbon*, 2011, **49**, 4013-4023.
161) P. Brown, K. Takechi and P. V. Kamat, *J. Phys. Chem. C*, 2008, **112**, 4776-4782.
162) Y. Li, S. Kodama, T. Kaneko and R. Hatakeyama, *Appl. Phys. Express*, 2011, **4**.
163) X. Dang, H. Yi, M.-H. Ham, J. Qi, D. S. Yun, R. Ladewski, M. S. Strano, P. T. Hammond and A. M. Belcher, *Nat. Nanotech.*, 2011, **6**, 377-384.
164) A. Izadi-Najafabadi, S. Yasuda, K. Kobashi, T. Yamada, D. N. Futaba, H. Hatori, M. Yumura, S. Iijima and K. Hata, *Adv. Mater.*, 2010, **22**, E235-E241.
165) J. H. Park, J. M. Ko and O. O. Park, *J. Electrochem. Soc.*, 2003, **150**, A864-A867.
166) D. Boldor, N. M. Gerbo, W. T. Monroe, J. H. Palmer, Z. Li and A. S. Biris, *Chem. Mater.*, 2008, **20**, 4011-4016.
167) R. H. Baughman, C. Cui, A. A. Zakhidov, Z. Iqbal, J. N. Barisci, G. M. Spinks, G. G. Wallace, A. Mazzoldi, D. De Rossi, A. G. Rinzler, O. Jaschinski, S. Roth and M. Kertesz, *Science*, 1999, **284**, 1340-1344.
168) T. Fukushima, K. Asaka, A. Kosaka and T. Aida, *Angew. Chem. Int. Ed.*, 2005, **44**, 2410-2413.
169) K. Mukai, K. Asaka, T. Sugino, K. Kiyohara, I. Takeuchi, N. Terasawa, D. N. Futaba, K. Hata, T. Fukushima and T. Aida, *Adv. Mater.*, 2009, **21**, 1582-1585.
170) S. Li, Z. Yu, C. Rutherglen and P. J. Burke, *Nano Lett.*, 2004, **4**, 2003-2007.
171) N. Saran, K. Parikh, D.-S. Suh, E. Munoz, H. Kolla and S. K. Manohar, *J. Am. Chem. Soc.*, 2004, **126**, 4462-4463.
172) V. Krstic, G. S. Duesberg, J. Muster, M. Burghard and S. Roth, *Chem. Mater.*, 1998, **10**, 2338-2340.
173) P. V. Kamat, K. G. Thomas, S. Barazzouk, G. Girishkumar, K. Vinodgopal and D. Meisel, *J. Am. Chem. Soc.*, 2004, **126**, 10757-10762.
174) M. C. LeMieux, M. Roberts, S. Barman, Y. W. Jin, J. M. Kim and Z. N. Bao, *Science*, 2008, **321**, 101-104.
175) M. A. Meitl, Y. X. Zhou, A. Gaur, S. Jeon, M. L. Usrey, M. S. Strano and J. A. Rogers, *Nano Lett*, 2004, **4**, 1643-1647.
176) Z. Wu, Z. Chen, X. Du, J. M. Logan, J. Sippel, M. Nikolou, K. Kamaras, J. R. Reynolds, D. B. Tanner, A. F. Hebard and A. G. Rinzler,

Science, 2004, **305**, 1273-1277.
177) H.-Z. Geng, K. K. Kim, K. P. So, Y. S. Lee, Y. Chang and Y. H. Lee, *J. Am. Chem. Soc.*, 2007, **129**, 7758-7759.
178) B. Dan, G. C. Irvin and M. Pasquali, *ACS Nano*, 2009, **3**, 835-843.
179) A. A. Green and M. C. Hersam, *Nano Lett.*, 2008, **8**, 1417.
180) K. Jiang, Q. Li and S. Fan, *Nature*, 2002, **419**, 801.
181) F. Chen, L. Kai, W. Jeah-Sheng, L. Liang, C. Jia-Shyong, Z. Zuying, S. Yinghui, L. Qunqing, F. Shoushan and J. Kaili, *Adv. Funct. Mater.*, 2010, **20**, 885-891.
182) A. Kaskela, A. G. Nasibulin, M. Y. Timmermans, B. Aitchison, A. Papadimitratos, Y. Tian, Z. Zhu, H. Jiang, D. P. Brown, A. Zakhidov and E. I. Kauppinen, *Nano Lett.*, 2010, **10**, 4349-4355.
183) L. Hu, D. S. Hecht and G. Gruner, *Chem. Rev.*, 2010, **110**, 5790-5844.
184) E. C. W. Ou, L. Hu, G. C. R. Raymond, O. K. Soo, J. Pan, Z. Zheng, Y. Park, D. Hecht, G. Irvin, P. Drzaic and G. Gruner, *ACS Nano*, 2009, **3**, 2258-2264.
185) Q. Liu, T. Fujigaya, H.-M. Cheng and N. Nakashima, *J. Am. Chem. Soc.*, 2010, **132**, 16581-16586.
186) C. M. Trottier, P. Glatkowski, P. Wallis and J. Luo, *J. Soc. Inf. Disp.*, 2005, **13**, 759-763.
187) J. Yotani, S. Uemura, T. Nagasako, H. Kurachi, T. Nakao, M. Ito, A. Sakurai, H. Shimoda, T. Ezaki, K. Fukuda and Y. Saito, *J. Soc. Inf. Disp.*, 2009, **17**, 361-367.
188) E. J. Chi, C. G. Lee, J. S. Choi, C. H. Chang, J. H. Park, C. H. Lee and D. H. Choe, *SID Symposium Digest of Technical Papers*, 2005, **36**, 1620-1623.
189) K. A. Dean, B. F. Coll, E. Howard, S. V. Johnson, M. R. Johnson, H. Li, D. C. Jordan, L. H. Tisinger, M. Hupp, S. G. Thomas, E. Weisbrod, S. M. Smith, S. R. Young, J. Baker, D. Weston, W. J. Dauksher, Y. Wei and J. E. Jaskie, *SID Symposium Digest of Technical Papers*, 2005, **36**, 1936-1939.
190) D.-m. Sun, M. Y. Timmermans, Y. Tian, A. G. Nasibulin, E. I. Kauppinen, S. Kishimoto, T. Mizutani and Y. Ohno, *Nat. Nanotech.*, 2011, **6**, 156-161.
191) C. Wang, J. Zhang, K. Ryu, A. Badmaev, L. G. De Arco and C. Zhou, *Nano Lett.*, 2009, **9**, 4285-4291.
192) M. Engel, J. P. Small, M. Steiner, M. Freitag, A. A. Green, M. C. Hersam and P. Avouris, *ACS Nano*, 2008, **2**, 2445-2452.
193) M. Ha, Y. Xia, A. A. Green, W. Zhang, M. J. Renn, C. H. Kim, M. C. Hersam and C. D. Frisbie, *ACS Nano*, 2010, **4**, 4388-4395.

194) C. Wang, J. Zhang and C. Zhou, *ACS Nano*, 2010, **4**, 7123-7132.
195) J. Zhang, C. Wang, Y. Fu, Y. Che and C. Zhou, *ACS Nano*, 2011, **5**, 3284-3292.
196) H. Okimoto, T. Takenobu, K. Yanagi, Y. Miyata, H. Shimotani, H. Kataura and Y. Iwasa, *Adv. Mater.*, 2010, **22**, 3981-3986.
197) K. S. Novoselov, A. K. Geim, S. V. Morozov, D. Jiang, Y. Zhang, S. V. Dubonos, I. V. Grigorieva and A. A. Firsov, *Science*, 2004, **306**, 666-669.
198) K. S. Novoselov, A. K. Geim, S. V. Morozov, D. Jiang, M. I. Katsnelson, I. V. Grigorieva, S. V. Dubonos and A. A. Firsov, *Nature*, 2005, **438**, 197-200.
199) Y. Zhang, Y.-W. Tan, H. L. Stormer and P. Kim, *Nature*, 2005, **438**, 201-204.
200) S. Mizushima, Y. Fujibayashi and K. Shiiki, *J. Phys. Soc. Jpn.*, 1971, **30**, 299.
201) K. Yoshizawa, K. Okahara, T. Sato, K. Tanaka and T. Yamabe, *Carbon*, 1994, **32**, 1517-1522.
202) M. Fujita, K. Wakabayashi, K. Nakada and K. Kusakabe, *J. Phys. Soc. Jpn.*, 1996, **65**, 1920-1923.
203) Y. Kobayashi, K.-i. Fukui, T. Enoki, K. Kusakabe and Y. Kaburagi, *Phys. Rev. B*, 2005, **71**, 193406.
204) N. H. Shon and T. Ando, *J. Phys. Soc. Jpn.*, 1998, **67**, 2421-2429.
205) X. Jia, J. Campos-Delgado, M. Terrones, V. Meunier and M. S. Dresselhaus, *Nanoscale*, 2011, **3**, 86-95.
206) H. Hiura, H. Miyazaki and K. Tsukagoshi, *Appl. Phys. Express*, 2010, **3**.
207) D. Graf, F. Molitor, K. Ensslin, C. Stampfer, A. Jungen, C. Hierold and L. Wirtz, *Nano Lett.*, 2007, **7**, 238-242.
208) A. A. Green and M. C. Hersam, *Nano Lett.*, 2009, **9**, 4031-4036.
209) M. Lotya, Y. Hernandez, P. J. King, R. J. Smith, V. Nicolosi, L. S. Karlsson, F. M. Blighe, S. De, Z. Wang, I. T. McGovern, G. S. Duesberg and J. N. Coleman, *J. Am. Chem. Soc.*, 2009, **131**, 3611-3620.
210) X. An, T. Simmons, R. Shah, C. Wolfe, K. M. Lewis, M. Washington, S. K. Nayak, S. Talapatra and S. Kar, *Nano Lett.*, 2010, **10**, 4295-4301.
211) D. Kondo, S. Sato and Y. Awano, *Appl. Phys. Express*, 2008, **1**, 0740031-0740033.
212) G. Ruan, Z. Sun, Z. Peng and J. M. Tour, *ACS Nano*, 2011, **5**, 7601-7607.
213) K. Tsugawa, M. Ishihara, J. Kim, Y. Koga and M. Hasegawa, *J. Phys. Chem. C*, 2010, **114**, 3822-3824.

214) S. Stankovich, D. A. Dikin, G. H. B. Dommett, K. M. Kohlhaas, E. J. Zimney, E. A. Stach, R. D. Piner, S. T. Nguyen and R. S. Ruoff, *Nature*, 2006, **442**, 282-286.
215) M. J. Fernandez-Merino, L. Guardia, J. I. Paredes, S. Villar-Rodil, P. Solis-Fernandez, A. Martinez-Alonso and J. M. D. Tascon, *J. Phys. Chem. C*, 2010, **114**, 6426-6432.
216) K. Nakada, M. Fujita, G. Dresselhaus and M. S. Dresselhaus, *Phys. Rev. B*, 1996, **54**, 17954.
217) Z. Chen, Y.-M. Lin, M. J. Rooks and P. Avouris, *Physica E*, 2007, **40**, 228-232.
218) M. Y. Han, Ouml, B. zyilmaz, Y. Zhang and P. Kim, *Phys. Rev. Lett.*, 2007, **98**, 206805.
219) L. Jiao, L. Zhang, X. Wang, G. Diankov and H. Dai, *Nature*, 2009, **458**, 877-880.
220) D. V. Kosynkin, A. L. Higginbotham, A. Sinitskii, J. R. Lomeda, A. Dimiev, B. K. Price and J. M. Tour, *Nature*, 2009, **458**, 872-876.
221) A. L. Higginbotham, D. V. Kosynkin, A. Sinitskii, Z. Sun and J. M. Tour, *ACS Nano*, 2010, **4**, 2059-2069.
222) D. V. Kosynkin, W. Lu, A. Sinitskii, G. Pera, Z. Sun and J. M. Tour, *ACS Nano*, 2011, **5**, 968-974.
223) T. Shimizu, J. Haruyama, D. C. Marcano, D. V. Kosinkin, J. M. Tour, K. Hirose and K. Suenaga, *Nat. Nanotech.*, 2011, **6**, 45-50.
224) X. Li, X. Wang, L. Zhang, S. Lee and H. Dai, *Science*, 2008, **319**, 1229-1232.
225) L. Jiao, X. Wang, G. Diankov, H. Wang and H. Dai, *Nat. Nanotech.*, 2010, **5**, 321-325.
226) X. Yang, X. Dou, A. Rouhanipour, L. Zhi, H. J. Räder and K. Müllen, *J. Am. Chem. Soc.*, 2008, **130**, 4216-4217.
227) J. Bai, R. Cheng, F. Xiu, L. Liao, M. Wang, A. Shailos, K. L. Wang, Y. Huang and X. Duan, *Nat. Nanotech.*, 2010, **5**, 655-659.
228) Y. Zhang, T.-T. Tang, C. Girit, Z. Hao, M. C. Martin, A. Zettl, M. F. Crommie, Y. R. Shen and F. Wang, *Nature*, 2009, **459**, 820-823.
229) N. Harada, M. Ohfuti and Y. Awano, *Appl. Phys. Express*, 2008, **1**.
230) D. K. Samarakoon and X.-Q. Wang, *ACS Nano*, 2010, **4**, 4126-4130.
231) Z. Peng, Z. Yan, Z. Sun and J. M. Tour, *ACS Nano*, 2011, **5**, 8241-8247.
232) J. Bai, X. Zhong, S. Jiang, Y. Huang and X. Duan, *Nat. Nanotech.*, 2010, **5**, 190-194.
233) X. Liang, Y.-S. Jung, S. Wu, A. Ismach, D. L. Olynick, S. Cabrini and J. Bokor, *Nano Lett.*, 2010, **10**, 2454-2460.
234) N. S. Safron, A. S. Brewer and M. S. Arnold, *Small*, 2011, **7**, 492-498.

235) D. C. Elias, R. R. Nair, T. M. G. Mohiuddin, S. V. Morozov, P. Blake, M. P. Halsall, A. C. Ferrari, D. W. Boukhvalov, M. I. Katsnelson, A. K. Geim and K. S. Novoselov, *Science*, 2009, **323**, 610-613.
236) S. H. Cheng, K. Zou, F. Okino, H. R. Gutierrez, A. Gupta, N. Shen, P. C. Eklund, J. O. Sofo and J. Zhu, *Phys. Rev. B*, 2010, **81**, 205435.
237) Y.-M. Lin, C. Dimitrakopoulos, K. A. Jenkins, D. B. Farmer, H.-Y. Chiu, A. Grill and P. Avouris, *Science*, 2010, **327**, 662.
238) L. Liao, Y.-C. Lin, M. Bao, R. Cheng, J. Bai, Y. Liu, Y. Qu, K. L. Wang, Y. Huang and X. Duan, *Nature*, 2010, **467**, 305-308.
239) M. Ohishi, M. Shiraishi, R. Nouchi, T. Nozaki, T. Shinjo and Y. Suzuki, *Jpn. J. Appl. Phys., Part 2*, 2007, **46**, L605-L607.
240) N. Tombros, C. Jozsa, M. Popinciuc, H. T. Jonkman and B. J. van Wees, *Nature*, 2007, **448**, 571-574.
241) S. Cho, Y.-F. Chen and M. S. Fuhrer, *Appl. Phys. Lett.*, 2007, **91**, 123105-123103.

索　引

【英数字】

2 層グラフェン, 101
ATRP, 58
CH-π 相互作用, 31
CNT ネットワーク, 81
CoMoCAT, 17, 43
CVD, 5
DDS, 63
DNA, 32
DNA/CNT 複合体, 33
D バンド, 19
e-DIPS 法, 8
FET, 49, 88
G' バンド, 19
G バンド, 19
HiPco, 8
ITO, 80
Langmuir-Blodgett 法, 82
PEFC, 69
PL, 17
RAFT, 58
RBM, 18
VGCF, 6

【あ】

アーク放電法, 2, 5
アスペクト比, 14
アニオン型 PEFC, 72
アニオン交換クロマトグラフィー, 45
イメージング, 66
宇宙エレベーター, 14
液体クロマトグラフィー用カラム, 28
エナンチオマー分離, 44, 54
オリゴ DNA, 33
温熱治療, 66

【か】

界面活性剤, 26
カイラリティ, 4
カイラル指数, 43
化学気相成長法, 5
過飽和吸収材料, 61
可溶化, 21
気相成長炭素繊維, 6
基板成長法, 8
キラリティ, 4
近赤外パルスレーザー光照射, 68
近赤外偏光材料, 61
金属性 SWNT, 17
金属ナノ粒子, 49
グラフェンナノリボン, 98
グラフト, 56
クリックケミストリー, 26
ゲル電気泳動, 45
高分子電解質型燃料電池, 69

【さ】

細胞培養, 68
酸化グラフェン, 94
酸素還元活性, 73
衝撃波, 68
人工筋肉, 78
垂直配向 SWNT, 9
スーパーグロース SWNT, 80
スーパーグロース法, 10

スピンコーティング, 82
スピントロニクス材料, 93
スプレー塗布, 82
生体プローブ, 63
その場分光電気化学測定, 40

【た】

多環芳香族, 27
脱白金, 71
単一カイラリティ, 43
窒素含有グラファイト, 73
窒素ドープ CNT, 72
超音波照射, 27
ディップコーティング, 82
ディラック点, 92
デバイス, 86
電界効果型トランジスタ, 49, 88
電気化学的アクチュエータ, 79
電気二重層キャパシタ, 75
電子準位, 35
導電性分子ナノワイヤー, 21
ドーピング, 85
ドラッグデリバリーシステム, 63

【な】

ナノインプリントリソグラフィー, 102
ナノカーボン, 1
ナノシート, 56
ナノファイバー, 56
熱伝導度, 15
ネルンスト式, 37
燃料電池, 69

【は】

バーコート塗布, 82
パーコレーション閾値, 81
π-π 相互作用, 31
半導体性 SWNT, 16
バンド間遷移, 16
バンドギャップ, 40

比表面積, 15
ピレン, 28
ファンホーブ特異点, 16
フィラー, 56
フェルミ準位, 38
フォトルミネッセンス, 17
フォノン, 15
フラーレンピーポッド, 1
フラットパネルディスプレイ, 80
プロトン伝導, 71
分光電気化学, 36
分子認識, 47
分子ヒーター, 18, 79
ポリイミド, 31
ポリフルオレン, 48
ポリベンズイミダゾール, 31, 71
ポリベンズオキサゾール, 13
ポルフィリン, 29

【ま】

密度勾配超遠心分離法, 46

【や】

薬剤送達システム, 63
有機薄膜型太陽電池, 74
誘電泳動, 45

【ら】

ラジアルブリージングモード, 18
ラマンスペクトル, 18
リチウムイオン電池, 77
レーザー蒸発法, 5

最先端材料システム One Point 1
Advanced Materials System One Point 1

カーボンナノチューブ・
グラフェン
Carbon Nanotube, Graphene

2012年6月25日 初版第1刷発行

検印廃止
NDC 435.6

ISBN 978-4-320-04425-8

編　集　高分子学会　　ⓒ 2012

発行者　南條光章

発行所　**共立出版株式会社**

郵便番号 112-8700
東京都文京区小日向 4-6-19
電話　03-3947-2511（代表）
振替口座　00110-2-57035
http://www.kyoritsu-pub.co.jp/

印　刷　藤原印刷
製　本　ブロケード

社団法人
自然科学書協会
会員

Printed in Japan

高分子先端材料 One Point 全10巻 別巻.1

高分子学会 編集

【編集委員】川口春馬（委員長）・伊藤耕三・井上俊英・木村良晴
小山珠美・関　隆広・畑中研一・樋口亜紺・吉田　亮・渡邊正義

本シリーズは，選りすぐりの高分子先端材料10点を取り上げ，簡潔に，平易に，かつ読みやすい形で解説する。

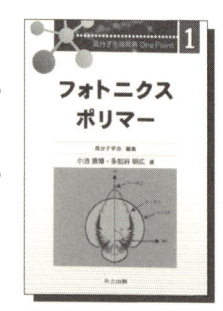

【各巻：B6版・並製本】

❶ フォトニクスポリマー
小池康博・多加谷明広著　高分子と光波の相互作用／原子系と光の相互作用／モノマーユニットと光の相互作用／他 110頁・定価1470円

❷ 高分子ゲル
吉田　亮著　ゲル総論／ゲルの合成・設計／ゲルの膨潤理論／ゲルの構造解析と物性評価／ゲルの機能化／他……140頁・定価1575円

❸ バイオマテリアル
岩田博夫著　バイオマテリアル研究の困難さ／人工材料と生体との相互作用の概略／細胞の接着と細胞の機能／他 124頁・定価1575円

❹ 高分子ナノ材料
西　敏夫・中嶋　健著　高分子ナノ材料とは／高分子ナノ材料の構造と物性／高分子ナノ材料の作り方／他……128頁・定価1470円

❺ 天然素材プラスチック
木村良晴他著　再生可能資源とバイオマス／ポリ乳酸／ポリヒドロキシアルカノエート／多糖類／他……158頁・定価1575円

❻ 高分子EL材料　光る高分子の開発
大西敏博・小山珠美著　新しい表示素子：有機EL素子／光る高分子／発光機構について／劣化について／他……132頁・定価1470円

❼ 燃料電池と高分子
高分子学会燃料電池材料研究会編著　燃料電池の歴史と高分子／燃料電池の原理／現状の問題と研究課題／他……136頁・定価1575円

❽ エンジニアリングプラスチック
井上俊英他著　ポリアミド／ポリアセタール／ポリカーボネート／変性ポリフェニレンエーテル／ポリスルホン／他 136頁・定価1470円

❾ バイオチップとバイオセンサー
堀池靖浩・宮原裕二著　マイクロ空間における流体の性質に関する基礎知識／マイクロ流体デバイス製作用部品他 196頁・定価1575円

❿ レジスト材料
伊藤　洋著　リソグラフィ技術による微細加工とレジスト／レジスト材料とリソグラフィ技術の発展の歴史／他……112頁・定価1575円

別 高分子分析技術最前線
高分子学会編　表面プラズモン共鳴分光法および顕微鏡／放射光を用いた観察法／赤外円二色性スペクトル／他…192頁・定価1785円

※定価税込（価格は変更される場合がございます）

共立出版
http://www.kyoritsu-pub.co.jp/